复合型切缝药包
控制爆破应用分析

谢华刚　著

WUHAN UNIVERSITY PRESS

武汉大学出版社

图书在版编目(CIP)数据

复合型切缝药包控制爆破应用分析/谢华刚著. —武汉:武汉大学出版社,2017.12

ISBN 978-7-307-19817-3

Ⅰ.复… Ⅱ.谢… Ⅲ.爆破法—研究 Ⅳ.TB41

中国版本图书馆 CIP 数据核字(2017)第 276538 号

责任编辑:方竞男 责任校对:杜筱娜 装帧设计:吴 极

出版发行:**武汉大学出版社** (430072 武昌 珞珈山)
(电子邮件:whu_publish@163.com 网址:www.stmpress.cn)

印刷:虎彩印艺股份有限公司

开本:720×1000 1/16 印张:9.5 字数:205 千字

版次:2017 年 12 月第 1 版 2017 年 12 月第 1 次印刷

ISBN 978-7-307-19817-3 定价:72.00 元

前　言

根据我国国情,城市化的进程正在加速,西部大开发正在实施,然而随着基础设施在公路、铁路、矿业、水利水电、建筑、机场和港口等的建设,岩土工程施工方法和施工手段面临前所未有的挑战,而作为岩土工程重要施工方法之一的钻爆法也面临前所未有的考验,这使得人们对它的要求越来越高。

钻爆法的主要任务是保证在安全条件下,高速度、高质量地将岩石按规定的断面爆破下来,并且尽可能不损坏围岩的稳定性。然而,在实际工程中,超挖、围岩损伤或者松动等问题时有发生,使得围岩的稳定性受到一定的影响。因此,为了更好地利用钻爆法施工,本书提出了一种新型聚能药包——复合型切缝药包,它属于定向断裂控制爆破的范畴。为了研究复合型切缝药包定向断裂控制爆破的效果,本书采用相似模拟、理论分析和数值模拟相结合的方法进行论述。

由于著者水平有限,书中难免有不妥之处,敬请广大读者批评、指正。

本书受 2017 年安徽省高校自然科学研究重点(重大)项目(KJ2017A473),2017 年安徽省高校优秀青年人才支持计划项目(gxyq2017080),2016 年安徽省省级质量工程项目(2016ckjh214)资助。

著　者

2017 年 8 月

1

目　　录

1

1 绪 论

1.1 引 言

由于人类社会的飞速发展,地上空间的开发已经不能满足社会发展的需要。按照西方的说法,19 世纪是铁路桥梁的世纪,20 世纪是高层建筑的世纪,而 21 世纪是地下空间开发利用的世纪。根据我国国情,城市化的进程正在加速,西部大开发正在进行,我国可能出现路桥、高层建筑和地下空间开发利用三者齐头并进的局面。然而,随着西部大开发的实施,公路、铁路、矿业、水利水电、建筑、机场和港口等基础设施建设工程将日益增多,岩土工程施工方法和手段面临前所未有的挑战,而作为岩土工程重要施工方法之一的钻爆法面临前所未有的考验,这使得人们对它的要求越来越高,特别是装饰石材开采、隧洞掘进、人防工程、路堑边坡、矿物晶体保护开采、煤矿瓦斯抽放等工程。图 1-1 所示为钻爆法施工的锦屏二级水电站。

图 1-1 钻爆法施工的锦屏二级水电站

　　钻爆法施工在工程建设中是一个先行和主要的工序,其他后续工序都要围绕它来安排,爆破的质量和效果都将影响后续工序的效率和质量。钻爆法的主要任务是保证在安全条件下,高速度、高质量地将岩石按规定断面爆破下来,并且尽可能地不损坏围岩的稳定性。然而,由于爆破原理的不完善和施工人员技术水平有限,在实施钻爆法的过程中产生了各种不利因素,使得围岩的稳定性受到一定的影响,如开挖爆破控制不当会导致二滩拱坝坝基表层岩体松动,经地质测绘和物探检测,松弛影响深度一般为 0.5~1.5m,个别部位达到 2.0~3.0m。坝基表层岩体松弛带的存在,将影响坝基的岩体强度、应力和变形特性,从而影响拱坝肩的稳定性。在传统岩石爆破技术中,大量的爆炸能量可以产生应力波和诱发炮孔周围随机裂纹的产生,而只有很少一部分能量作用于开挖所需的断面上,产生了超挖、围岩的损伤或者松动、爆破振动、爆破飞石等消极因素,直接影响工程质量和工程造价。研究表明,二滩地下厂房洞室群围岩大变形发生的机理是:在高地应力区开挖爆破引起洞周围岩松动和地应力释放的双重作用下,岩体发生表层以下一定厚度的严重损伤而导致大位移甚至失稳现象。A. Bahrami 等人采用人工神经网络对影响岩石破碎的 8 个因素进行分析,得出岩石可爆性指数、炸药量对岩石破碎影响最大。同时 Mohammad Rezaei 等人根据伊朗的 Mouteh 金矿的实际情况,采用人工神经网络对影响岩石破碎因素进行分析,也得出岩石可爆性指数、岩石质量指标对岩石破碎影响最大,黏聚力影响最小。上述工程实例说明,为了提高炸药的能量利用率,进而改善爆破效果,除了要了解岩石的性质和爆破的地质条件、炸药和起爆器材的性能、炸药的爆炸机理以外,更为重要的是研究炸药的能量对岩体的作用方式、岩体在炸药能量作用下的应力状态以及岩体在这种应力状态下的破坏规律等。只有充分了解了这些问题,才能根据具体的爆破条件科学地确定爆破方法,合理地设计爆破方案,精确地确定爆破参数,有效地控制爆破作用,尽可能地达到提高炸药的能量利用率、改善爆破效果和获得最大经济效益的目的。因此,研究爆破作用机理具有重要的理论价值和现实意义。岩石在炸药爆炸作用下破碎过程极其复杂。由于受炸药爆轰过程的高温、高压和高速的化学反应,以及爆破对象——岩石的物理力学性质的各向异性等复杂因素影响,人们至今对岩石在爆破作用下的破坏原理不甚了解。

　　因此,为了更好地应用钻爆法施工,提高炸药在特定方向破碎岩石的效果,本书基于切缝药包的爆炸作用机理,提出了一种复合型切缝药包,以改善定向断裂控制爆破的爆破效果,提高炸药能量利用率,改善炸药对岩体的做功过程。

1.2 国内外研究现状

1.2.1 定向断裂控制爆破的发展过程

工程爆破在国民经济建设中有着广泛的用途,在煤矿、金属矿、建材矿山等工业领域,爆破方法是破碎岩石的主要手段。我国年采煤量约为 12.0 亿吨,其中除少量用水力或机械开采外,绝大部分都是用爆破方法开采的。在冶金行业,我国年产钢 1.05 亿吨,消耗矿石量在 8.0 亿吨以上;在非金属行业,我国年产水泥 1.8 亿吨,消耗石灰石在 2.0 亿吨以上。这些矿石都是以爆破方法为主要施工手段而开采的。为了更好地利用控制爆破技术,从 20 世纪 50 年代以来,岩土控制爆破经历了下面几个重要阶段。

1.2.1.1 光面爆破

第一阶段为光面爆破阶段。光面爆破是控制爆破中的一种方法,是 20 世纪 50 年代在瑞典兴起、60 年代中期在我国全面推广应用的最具代表性的爆破技术。与普通爆破相比,它在减少超欠挖、降低爆破与支护材料、提高施工效率方面存在较大优势,但是存在对隧道围岩或边坡保留岩体严重损伤破坏、孔痕率低、炮孔间距较小等不足。其原因在于光面爆破大都采用不耦合装药或者空气间隔装药,这种装药结构虽然能降低炸药爆炸产物对孔壁的冲击作用,避免孔壁岩石形成压碎区,然而爆炸后,在孔壁各个方向形成的破坏作用大致相同,除了利用炮孔导向作用在炮孔连线方向上形成贯通裂缝外,不可避免地在孔壁其他方向形成随机的裂纹,因而降低了围岩的稳定性,提高了工程造价。

1.2.1.2 定向断裂控制爆破

第二阶段是出现于 20 世纪 60 年代的定向断裂控制爆破阶段。定向断裂控制爆破包括切槽爆破、聚能药包定向断裂控制爆破和切缝药包定向断裂控制爆破,如图 1-2 所示。

定向断裂控制爆破的原理是:首先形成一定长度的定向裂纹,然后利用定向裂纹长度和宽度明显大于岩石中原生的随机细小裂纹长度和宽度的特点,确定合理的装药量和炮孔间距,使炮孔周边裂纹在特定方向扩展,并有效抑制其他方向裂纹的起裂和扩展,从而实现定向断裂控制爆破的目的,同时减小围岩的损伤。

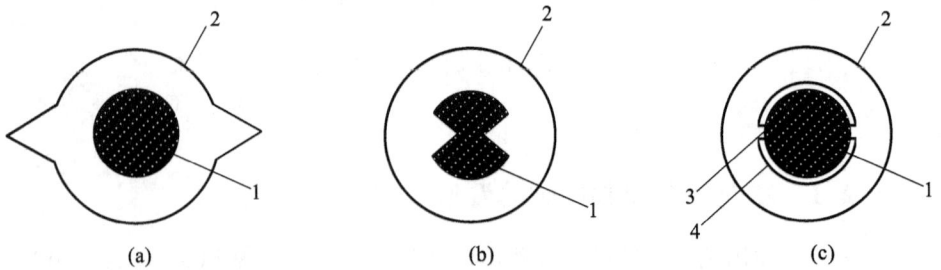

图 1-2　岩石定向断裂控制爆破分类

(a)切槽爆破；(b)聚能药包定向断裂控制爆破；(c)切缝药包定向断裂控制爆破

1—炸药；2—炮孔；3—切缝；4—PVC管

1.2.2　定向断裂控制爆破的研究现状

1.2.2.1　切槽爆破

切槽爆破是改变炮孔形状，在孔壁上预制 V 形对称沟槽，以改变爆炸应力场的分布，在沟槽尖端形成应力集中，使爆炸后孔壁上的裂纹优先在沟槽尖端扩展。实验表明，切槽孔对定向断裂控制爆破有明显的作用，利用炮孔切槽爆破，控制岩体围岩成形，其孔间距可加大到普通光面爆破的 1.5～2.0 倍，并且装药量和爆破工艺与普通光面爆破相同。

早在 1905 年，Foster 专业隧道掘进公司提出了在炮孔壁中刻槽的设想，但不知何故没有具体实施。随后学者 Langefors 和 Kihlstrom 推动了其发展，提出切槽爆破能够控制裂隙的形成和断裂面的扩展方向。美国 W. L. Fourney 等人用速燃剂作为破碎剂，在有机玻璃模型上进行了切槽炮孔爆破实验，实验中所有模型均沿切槽方向断裂为两半，断面平整光滑，且炮孔壁无压碎现象。在爆破工程应用中，Barker 最先采用带预制 V 形裂纹的短棒对灰岩、粉砂岩进行了断裂试验；Costin 也用这种方法对油页岩进行了试验。

杨仁树等人采用超动态测试系统，通过改变炮孔形状和装药结构来研究切槽孔的爆破效应。研究表明，由于切槽的作用，使得沿切槽方向应力场加强，从而有利于爆破裂缝的定向扩展，切槽孔裂纹的起裂、扩展和止裂行为主要受爆生气体静态应力场作用，应力波(包括反射波)对裂纹的扩展基本上不起作用。W. L. Fourney 通过光弹实验也证实了杨仁树等人的结论，并认为裂纹在扩展过程中其速度是变化的。Williams 利用特征函数法建立了 V 形切槽问题的特征方程，指出了应力在切槽尖端处奇异性的强弱与切槽张角有关。Persson 等人通过理论计算得到了切槽爆破裂缝端部的应力强度因子。肖正学等人详细讨论了 V 形切槽在冲击波的动态压力和爆轰气体的准静态压力作用下所产生的力学效应。王艳梅通过对螺旋孔和圆孔爆破的爆破机理、数值模拟等方面对比分析,得出螺旋孔爆破能有效地提高破岩面积,增加能量利用率。肖正学等人通过大量的模拟试验研究和理论分析,对切槽爆破中的切槽角、切槽深度、切槽尖端曲率半径以及切槽宽度对切槽爆破效果的影响做了系统的分析和研究,从而获得了在不同条件下获得最佳爆破效果的切槽参数。宗琦应用岩石断裂力学理论和爆生气体膨胀准静压理论,建立了岩石中炮孔不耦合装药孔壁预切槽爆破时的脆性断裂力学模型,分析了裂缝的扩展规律,包括起裂条件、止裂条件、起裂方向、扩展长度和裂缝扩展过程中的速度变化等。此外,他还对炮孔预切槽爆破时的动态效应进行了初步探讨。王成端利用Westergarrd 方法,推导出预制 V 形裂纹尖端的应力场和位移场。解文彬等人应用岩石断裂力学理论和爆生气体膨胀准静压理论,通过理论计算得到了适合切槽爆破切割汉白玉石材的基本爆破参数,并在现场实验中获得了较好的实验效果。为了研究炸药对岩石的做功过程,Zhu 等人采用数值模拟软件 AUTODYN 进行研究,得出剪应力引起粉碎区,拉应力引起径向裂纹,自由面的反射应力波引起周围岩石产生损伤,同时对边界条件、耦合介质、炮孔直径、不耦合系数和节理进行了讨论。为了研究加载速率对岩石试件裂缝开裂的影响,Cho 等人采用数值模拟的方法,得到较高的加载速率能够促进径向裂缝的产生,同时使得裂缝周围岩石应力得到释放,应力释放引起临近的裂缝扩展受到一定干扰,因而产生比较少的裂缝。G. W. Ma 和 X. M. An 采用数值模拟软件 LS-DYNA 对切槽爆破进行模拟研究,模拟用炮孔半径为25mm,切槽长度为 8mm,在一个正方形的岩体中进行模拟,得到裂纹开始和传播主要在切槽处,在其他方向的裂纹长度比较少,模拟结果与Mohanty 的研究报告相符。

经过对国内外文献的分析可知,切槽爆破应用范围比较广泛,但其成槽工艺比较复杂,对钻头的要求较高,并且容易夹钻,因此在实际应用中比较难以推广。

1.2.2.2 聚能药包定向断裂控制爆破

聚能药包定向断裂控制爆破是通过改变药卷自身结构,沿药卷轴向压制聚能槽,利用聚能穴的聚能作用,改变爆炸压力的分布特征,从而在压力积聚的方向优先开裂和扩展。根据聚能原理,采用聚能装药结构,当装药爆炸后,聚能穴处的爆炸产物向外飞散,优先向聚能穴对称轴线方向集中,积聚成一股速度和压力都很高的爆炸产物气流,直接作用于炮孔壁上,进而实现定向断裂爆破的目的。

聚能装药的发展史可追溯到 18 世纪末,1792 年采矿工程师 Franz Von Baader 在假设中提到聚能现象,并在 1799 年观察到了爆炸刻蚀现象。1888 年,美国人 Munroe 用实心的和带锥形空腔的两种药柱试验,结果发现带空腔药柱炸出一个比实心药柱深几倍的漏斗形凹坑。20世纪40—50年代,Birkhoff、Pugh等人先后提出药型罩聚能装药的分析模型。为了控制岩石爆破裂隙扩展方向形成定向断裂控制爆破,瑞典学者提出了线性聚能装药岩石爆破方法,我国学者对聚能爆破进行了大量的理论和试验研究,对聚能装药结构做了改进。Hayes对线性聚能罩的压垮机理做了研究工作。Curtis提出了聚能装药轴对称不稳定模型。Hirsch等人对线性聚能装药做了大量研究工作。Held等人对不同角度和罩厚的聚能炸药对反应装甲的侵彻进行了研究。

国内从20世纪80年代中期开始,以中国矿业大学(北京)为代表,着重对聚能药包切割机理和应用进行了一系列研究。陈开翔论述了聚能药包破碎岩石的原理、技术参数、选择依据和计算方法,总结了现场试验情况和施工方法,并根据实际冲击波超压的测试,确定了聚能爆破应用于采场二次破碎的安全距离圈定方法。李新会和高频提出了环状聚能药包的设计方法,并着重对炸药类型的选择、环状药型罩的材料及几何参数的确定做了说明。根据理想流体射流运动的关系式,推算出了爆炸切割器在水下爆炸后的射流速度,并在水下进行了爆破性能试验,试验证明采用环状 V 形聚能药罩能达到切断或破坏水下柔性索链的目的,并且环状聚能爆破在水下一定范围内能同时有效地破损水下多个目标。郭德勇等人针对低透气性煤层瓦斯抽放率低的问题,将聚能爆破技术应用于煤层增透中,制定了聚能爆破增透工艺,并将增透工艺分为选址、打钻、装药、封孔、引爆 5 个步骤,并在郑州大平煤矿 13091 工作面对煤层深孔聚能爆破增透瓦斯抽放工艺技术可行性进行了验证。陈清运等人结合锦屏二级水电站引水隧洞地下工程的岩爆问题,探讨了采用聚能爆破技术降低岩爆的可行性,通过浅孔和深孔聚能爆破的对比试验,得出聚能爆破在高地应力条件下的成缝和刻槽效果较普通预裂爆破大为提高,采用聚能爆破技术降低岩爆灾害是可行的。郭德勇等人针对高瓦斯低透气性煤层钻孔瓦斯抽放率低的问题,提出了煤层深孔聚能爆破致裂增透方法。利用爆破特殊装药结构积聚爆炸能量,驱使聚能罩侵彻煤体形成初始裂隙,并在爆生气体的二次驱动下扩大煤体断裂带范围。江德安等人从一个新的角度研究和探索出一种新型聚能切割水下废弃油井的方法,用空心金属球与成型穿孔弹相结合以代替传统的线性聚能切割器。这种方法能够根据实际情况改变外形,并能够利用空心金属球的聚能效应和密封性,达到很好的水下爆破切割效果。马旭峰根据某大型露天铁矿山开采的实际情况,提出了通过大孔径聚能预裂爆破两阶段降低爆破地震效应,保证生产过程中边坡安全的方法。罗勇等人根据爆炸力学、岩石断裂力学理论,从当前控制爆破面临的问题入手,对线性聚能药包(linear shaped charge)在岩石定向断裂爆破中裂纹的产生及扩展进行了研究,并利用自制线性聚能药包在巷道掘进中进行了工程试验。王耀华等人为了分析钢结构物聚能切割爆破的预处理,提出了用结构稳定性分析理论进行爆破预处理的设计方案,采用屈曲分析的有限元法,利用分析软件 ANSYS 对钢排架结构物爆破预处理进行特征值屈曲分析。刘文革等人通过理论计算,确定了轴对称聚能药管的参数及煤的裂隙长度,并选择水胶炸药在钢管内进行模拟实验,得出较好的聚能爆破效果;同时对聚能爆破机理进行了模拟,得出轴对称聚能爆破药管具有较好的聚能效应,有利于实现定向预裂爆破。何广沂针对多年青藏高原冻土的特征,重点论述了爆破方法与工艺及先进实用的聚能爆破技术。罗勇等人对聚能药包导向裂缝的形成,裂纹的起裂、扩展和贯通进行了初步研究,同时对线性聚能切割器进行了设计。

通过以上对国内外关于聚能爆破文献的分析可知,聚能爆破应用范围较切槽爆破广泛,但其聚能爆破对周边炮孔的平行度有很高的要求,从现场试验可以看出,同样的间距和装药条件下,主要由于钻眼工人操作水平的不同而使得眼痕率有较大差别,因此聚能爆破在实际应用中对工人的技术要求比较高,在实际工程中难以大面积推广应用。

1.2.2.3 切缝药包定向断裂控制爆破

切缝药包定向断裂控制爆破是在具有一定密度和强度的药包外壳上开有不同角度、不同形状和不同数量的切缝,利用切缝控制爆炸应力场的分布与爆生气体对介质的准静态作用和尖劈作用,以达到控制被爆介质破碎程度,实现定向断裂控制爆破的目的。它是利用药包外壳在爆轰产物高压作用阶段产生的局部集中应力来控制预定区域内介质的径向裂缝发展的。由于药包外壳具有一定的厚度和强度,切缝药包在爆炸瞬间表现出明显的聚能效应。切缝药包在巷道爆破中应用最多。

早在 20 世纪 70 年代,美国 W. L. Fourney 等人就提出了在炮孔中使用轴向切缝的管状药包在岩体中形成定向裂缝的方法。该方法的突出特点是在切缝方向造成压应力集中和剪切应力差,导致岩体在爆破作用下沿切缝方向形成断裂面。

我国从 20 世纪 80 年代开始,对切缝药包定向断裂控制爆破进行了研究。切缝药包作为定向断裂控制爆破的重要方法之一,广泛应用于隧道掘进、石材切割、边坡修整等领域,它的主要优点是不增添凿岩设备,工艺技术简单,易于操作,在同等条件下与传统的光面爆破相比较,增大了孔间距离,节约爆炸器材,节约凿岩爆破成本,提高眼痕率,将对岩石的损伤降低为原来的 $1/4 \sim 1/3$,有效增加围岩的稳定性,减少超、欠挖工程量。

对于一定的炸药,当改变装药结构时,炸药的能量分布将随之发生改变,从而形成爆炸能量作用的加强区和减弱区。切缝药包切缝管的作用正是改变了爆炸产物对炮孔壁作用初始阶段的均衡性,在定向方向形成应力集中,进而在定向方向形成定向裂缝。形成定向裂缝的过程可分为两个阶段:爆炸初期,在切缝管内腔还没有形成均布压力之前,在爆炸冲击波的作用下,在定向方向产生预裂缝,然后在爆生气体的压力作用下使裂缝进一步扩展。同时,切缝药包定向断裂控制爆破切缝管的存在具有能够稳定炸药爆轰速度,提高炸药爆轰压力,增加切缝方向爆炸产物能流密度,抑制非切缝方向裂纹扩展等优点。

罗勇等人应用库仑定律推导出在炮孔壁上形成剪裂裂缝的孔壁压力所应满足的条件:

$$P > (1-\mu)(c-\tau)/(\mu\tan\varphi) \tag{1-1}$$

式中　　P ——作用在炮孔壁上的压力;

μ ——岩石的泊松比;

c ——岩石动态内聚力;

φ ——岩石动态摩擦角;

τ ——切缝处孔壁上的剪应力差。

这为人们定性和准定量讨论和研究切缝药包装药结构的炮孔壁开裂提供了一条可行的途径,也为正确、合理地确定爆破参数提供了可靠的依据。他们还应用最大拉应力准则对裂缝扩展的方向性进行了分析和研究,得出裂缝的扩展方向与开裂方向一致的结论。

切缝药包定向断裂控制爆破充分利用了炸药的爆炸能量,有效改善了爆炸能量的做功方向,提高了爆炸能量利用率,达到了控制爆破的目的。为了认清这些特点,学者们通过不同的试验对其进行研究,如肖正学等人采用整块聚碳酸酯板对切缝药包进行试验,得出切缝药包的聚能效应爆炸产物主要在爆炸初期大量产生,药包内气体压力急剧升高的瞬间随着爆炸冲击应力波向外扩展。切缝药包爆炸时,爆炸初期的应力集中系数达 2.40,因此其聚能效应是非常明显的;刘永胜等人对水耦合切缝药包作用下岩石的开裂机理进行分析探讨,得出切缝的存在改变了爆炸能量的分布,使得切缝方向形成了压力突变,在炮孔壁的定向方向形成了初始开裂纹。开裂纹的形成使得炮孔壁在非定向方向形成了应力松弛,爆炸形成的"水楔作用"和高压爆生气体的"气楔作用",使得定向方向的开裂纹得到优先扩展并贯穿。

从切缝药包定向断裂控制爆破的爆破机理看出,切缝药包定向断裂控制爆破在爆炸时,由于切缝外壳具有一定的厚度和强度,在爆炸瞬间表现出明显的聚能效应。在非切缝处,由于药包外壳阻碍了冲击波和爆生气体对孔壁的直接作用,尤其是爆生气体的"渗透"与"楔入"作用,保护了炮孔壁。

从切缝药包定向断裂控制爆破的上述特点可以看出,它的应用前景是非常广泛的。文献[31]、[69]、[71~74]分别从理论和试验等角度对切缝药包定向断裂控制爆破进行理论分析,得出在切缝方向有一定的聚能效应,从而为切缝药包定向断裂控制爆破的应用奠定了一定的理论基础。为了更好地研究切缝药包定向断裂控制爆破的断裂机理,下面从不耦合系数、切缝宽度、切缝管材质等方面对其进行分析。

①不耦合系数。

炮孔耦合装药爆炸时,眼壁遭受的是爆炸冲击波的直接作用,形成粉碎区,这一过程消耗了炸药的大量能量。而不耦合装药,可以降低对孔壁的冲击压力,减少粉碎区,激起应力波在岩体内的作用时间加长,这样就加大了裂隙区的范围,炸药能量利用充分。不耦合装药有上述优点,因此在现今工程爆破中应用较多。

不耦合装药结构有多种形式,比如空气径向不耦合装药结构、空气轴向不耦合装药结构、水径向不耦合装药结构、水轴向不耦合装药结构、径向兼轴向不耦合装药结构以及偏心不耦合装药结构等,一般采用的是径向不耦合装药结构。不耦合系数的大小会影响切缝药包定向断裂控制爆破的爆破效果,而为了得到合理的不耦合系数的取值,前人分别从试验和数值模拟等角度对其进行了分析和研究,得出了很多有价值的结论。下面从其研究成果进行具体分析。

张志雄等人采用水泥砂浆模型进行试验,得出当切缝宽度在 3mm 或 3mm 以上,不耦合系数为 1.5～3.0 时,爆破效果最好,其中不耦合系数为 2.0～2.5 时效果最佳。李显寅等人采用 LS-DYNA 进行数值模拟,得出在不耦合系数为 2.0 的情况下,切缝套管(PVCU)在切缝处具有明显的剪应力作用,该剪应力将使得爆破裂纹首先从切缝处形成,从而具有定向断裂成缝效果。在不耦合系数的选取研究中,杨小林、梁为民在实验室采用水泥砂浆模型和不同直径的 RDX 炸药对不耦合装药的爆炸作用进行了模拟试验。蒲传金等人在石灰岩块体上进行试验,采用药包直径为 18mm,不耦合系数为 2.1 的情况下,得出切缝药包间隔装药比连续装药对边坡保留岩石损伤程度小的结论。蒲传金等人采用水泥砂浆模型,通过采用不同不耦合系数分别进行切缝药包试验,通过对比分析应变峰值的大小,得出不耦合系数为 2.0 时应变峰值增大率较大的结论。肖正学等人采用有机玻璃模型,得出径向裂纹长度与不耦合系数的关系。李彦涛等人采用大理石板进行试验,得出切缝方向的应力强度因子为其他方向的 3.75～5.4 倍,炮孔距比光面爆破提高 50％～250％ 的结论。蒋金科采用切缝宽度为 4.0mm,不耦合系数取 1.0～1.5,直径为 32mm 的聚能管,在沈庄煤矿－140 南大巷里段进行应用,得到控制了超、欠挖工程量,降低了顶板管理难度,加快了施工速度,节省了工程造价的结论。

②切缝宽度。

切缝宽度是切缝药包定向断裂控制爆破最主要的影响因素之一。一般来说,切缝管切缝宽度直接影响定向断裂效果。如果切缝宽度过小,切缝管很容易在炸药爆炸形成的强大冲击力下被劈开成两半,定向方向的能量利用率不高;如果切缝宽度过大,则动作用对孔壁的作用范围扩大,切缝管会获得巨大的冲击速度并对炮孔壁形成冲击,从而形成反定向裂缝,进而难以有效地控制裂纹的扩展方向。

罗勇等人采用岩石断裂动力学理论和莫尔-库仑强度准则推导出

$$a_0 = b/[2\tan(\theta/2)] \tag{1-2}$$

式中　　a_0——初始导向裂纹的长度;

　　　　θ——导向裂缝的夹角,$\theta = \pi/2 - \varphi$;

　　　　φ——岩石动态摩擦角;

　　　　b——切缝管的切缝宽度。

因此可以确定切缝管的切缝宽度,为药量设计提供依据。

切缝药包切缝宽度直接关系爆破效果,不同直径的切缝管切缝宽度各异,不耦合系数不同,切缝宽度也不同,因此学者们对其进行相应试验研究。如张志呈等人通过模型试验,得出当不耦合系数为 2.0 时,切缝宽度以 4.0mm 为最好,当不耦合系数为 2.5 时,切缝宽度以 3.0mm 较好。张玉明等人通过模型试验并运用数理统计的方差理论,对切缝药包的参数进行优化,得出在切缝外壳等其他条件一定的情况下,当外壳外径为 32.0mm,切缝宽度为 4.0mm 时,爆破效果最佳、定向最好的结论。王树仁等人在中硬的石灰岩中进行模型试验,采用不耦合系数为 1.33,$2^{\#}$岩石炸药,得到当切缝宽度为 4.0mm 时,在岩石中所形成的裂隙宽度和长度为最大,分别为 5.5mm 和 180mm 的结论。张志雄等人得出当不耦合系数为 1.33,切缝宽度接近 4.0mm 时,在中硬岩中用 $2^{\#}$岩石硝铵炸药,外壳壁厚 4.5mm 的情况下所形成的裂隙宽度和长度为最大的结论。罗勇等人采用 ABS 切缝管,切缝宽度为 2.0mm,在水泥砂浆模型中进行试验,得出在切缝方向形成裂缝,在其他方向没有宏观破坏的结论。戴俊等人采用数值模拟的方法对切缝药包切缝宽度进行研究,得出切缝宽度合理值主要受炮孔半径、炸药性质和岩石性质影响的结论。对砂岩、页岩,炮孔装入 $2^{\#}$岩石炸药,炮孔半径为 21mm 时,数值模拟得到的切缝管的切缝宽度与工程实际接近,为工程中取切缝管切缝宽度为 3.0~5.0mm 找到理论依据。

③切缝管材质。

切缝管的存在使炸药爆炸瞬间爆炸产物受到一定的抑制作用,它可以改善爆炸产物的扩散路径,延长爆生气体的做功时间。因此,切缝管的材质也是切缝药包定向断裂控制爆破的主要影响因素之一。

切缝管材质的变化,会引起爆破效果的差异,对此学者们也进行了一定研究,如张志呈等人采用水泥砂浆模型进行 PVCU、PPR、PVC 管试验,得出切缝药包外壳材质强度及其变形性质对压力分布规律的强弱程度有着不可忽视的影响作用的结论。杨仁树等人采用有限元软件 DYNA-3D 对切缝药包定向断裂控制爆破进行数值模拟,得出在相同的条件下,管壁厚 1mm 比 0.5mm 形成的初始裂纹发展好的结论。张志雄等人得出随着外壳厚度增加,切缝药包的爆速值也相应增大,切缝方向最大应变值为未切缝的 1.5 倍的结论。就对爆轰性能的改善而言,选用密度较大的材料作为外壳是有好处的。相反,不考虑外壳特性,难以获得预想的破碎效果。肖正学等人通过对切缝药包定向断裂控制爆破孔壁产生的切向拉应力峰值的推导,得出切缝外壳的存在,使得作用于孔壁的应力波峰值显著削弱,且外壳越厚,泊松比越大,作用在孔壁的应力波峰值就越小,对岩体的保护效果越好的结论;在切缝外壳对爆生气体作用时,又得出采用切缝外壳药包爆破,爆炸压力的作用使外壳外壁与炮孔壁达到耦合,将套管与原岩体连为一体,阻碍了爆生气体对孔壁的直接作用,尤其是阻止爆炸气体“渗透”和“楔入”孔壁岩体裂隙的结论。

为了更好地利用切缝药包定向断裂控制爆破,相应学者也提出了更好的方法来改善切缝药包定向断裂控制爆破,如蒲传金等人发明了一种切缝护壁药包,并采用动态光弹性试验、有机玻璃板模拟试验等研究,得出切缝护壁药包爆破时,爆炸产物首先对切缝处炮孔壁产生作用,然后对临空面产生作用,最后才对护壁方向产生作用,且这种作用越来越小。著者等人发明了一种复合型切缝药包装药结构,并采用相似模拟的方法对其进行了研究,得出切缝方向的应变峰值高于一般切缝药包的应变峰值,并在微差爆破中进行了相似模拟试验研究,也得到了比较理想的爆破效果。李彦涛等人应用脉冲全息干涉及动光弹测试技术,通过切缝药包爆破模型试验,分析切缝药包爆破断裂成缝机理。田运生等人根据切缝药包定向断裂爆破机理,介绍了切缝药包的制作及施工工艺。戴俊等人利用数值方法研究了切缝药包岩石定向断裂爆破炮孔间贯通裂纹的形成机理,分析了切缝管切缝宽度的影响因素,提出切缝管切缝宽度和爆破形成的初始导向裂纹长度计算方法。张玉明等人在实验测试的基础上,论述了切缝药包破岩机理,运用弹塑性理论分析了其在定向断裂中的力学作用,并对施工中存在的问题给出了相应的解决方案。张玉明等人分析了切缝药包的成缝机理,介绍了切缝药包的制作及装填施工工艺,并根据切缝药包在现场应用中存在的问题,通过模型试验,对切缝药包的参数进行了优化。

随着计算机技术的迅速发展,用数值模拟的方法研究爆破现象的人越来越多。Z. Ren,N. Bicanic 论述了一个完整的数值模拟应包括描述微裂纹的演化及随后的断裂和碎片运动,根据介质破坏的不同阶段采用不同的本构模型和数值计算方法:考虑损伤的 Dugdale-Barenblatt 模型和 TCK (Taylor Chenand Kuszmaul)损伤模型。采用离散元方法模拟碎片运动;采用有限元/离散元综合方法模拟裂纹的产生、发展和随后的岩块运动。G. W. Ma 和 X. M. An 采用 LS-DYNA 软件对切缝药包进行数值模拟研究得出,切缝药包能够有效地控制爆破裂缝的产生和传播,其开裂的裂缝条数与切缝的条数有关，最终得到图 1-3 所示的切缝药包数值模拟效果。金乾坤等人采用 LS-DYNA 3D 非线性动力程序对水平边界条件下深孔微差爆破进行有限元分析，得出了孔底部分的岩石主要以冲击压缩破坏为主，而自由面附近的岩石主要以层裂破坏为主的结论。

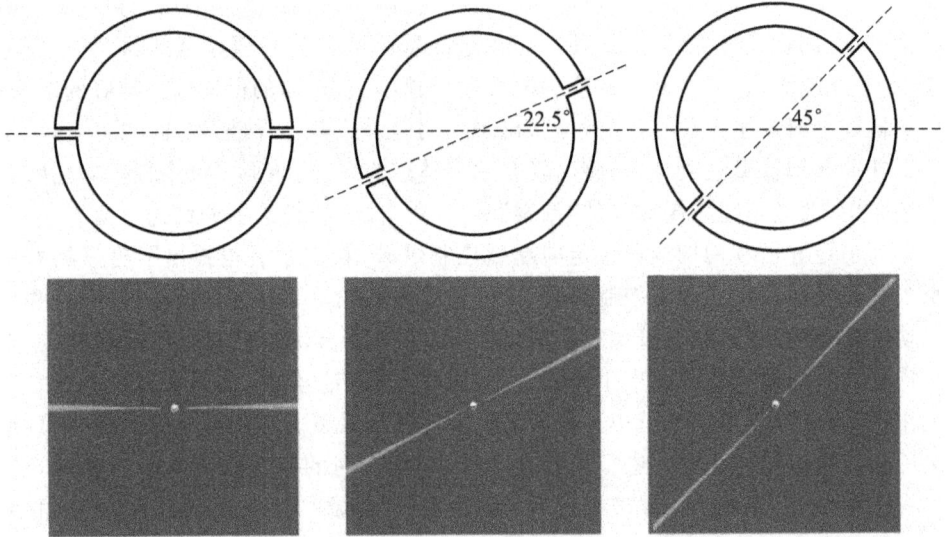

图 1-3　切缝药包数值模拟效果

1.2.3　水耦合装药爆破的研究现状

水压爆破是近年国内外发展起来的一种控制爆破法，它能有效地控制爆破飞石、空气冲击波、爆破震动和爆生有毒气体的产生。近年来，随着水胶炸药、乳化炸药等高威力抗水炸药的推广使用，炮孔水耦合装药爆破技术逐渐发展起来。日本将水耦合装药爆破应用在隧道开挖掘进爆破中，苏联学者曾在露天矿做过应用试验，南非的杜威哈露天煤矿覆盖岩层剥离爆破中采用过水耦合装药爆破。Isakov 博士等提出紧贴炮孔壁放置一个与孔深一样长的轴向刻槽的固体壳（带切缝）的装药方式，优先破裂预想方向的岩石。国内对水耦合装药爆破也进行了一些研究和应用，山东科技大学、中南大学等对水耦合装药爆破效能和爆破机理进行过研究；山东冶金公司和北京科技大学等曾对炮孔水耦合装药爆破进行了工程试验，以求最大限度地降低贵重金属、铝土等矿石开采中的粉矿率，改善爆破块度，取得了一定成效。安徽理工大学也曾对立井掘进掏槽和光面爆破中的水耦合装药进行了实验室模型试验和现场工业试验，提高了炮眼利用率，改善了周边成型。在国内的露天深孔爆破、基坑沟槽开挖爆破、立井掘进爆破中也有采用水耦合装药爆破的实例。

　　宗琦和罗强采用水泥砂浆对空气耦合和水耦合装药结构进行试验研究得出，水耦合装药与空气不耦合装药相比爆炸峰值压力高、作用时间长，即表明水耦合装药的爆破作用强度大、能量利用率高。试验结果还进一步证明了不耦合装药能够明显降低炮孔周围介质中的压应力，且不耦合系数越大，压力降低越显著。武汉岩土力学研究所的陈静曦研究了应力波对岩石断裂的相关因素，得出以下结论：①空气耦合条件下应力峰值比水耦合条件下要大；②空气耦合条件下应力峰值上升时间比水耦合条件下要短；③空气耦合条件下应力峰值的持续时间比水耦合条件下短，且基本上属于脉冲信号。得出裂纹扩展的长短与应力峰值上升时间相关。当加载应力峰值上升较快时，易产生几条短裂纹，反映为实验中出现的洞壁破碎等现象。反之，则产生数量少且较长的裂纹，并且洞壁完整。王伟等人采用理论计算耦合与不耦合装药爆破时距爆心相同距离处岩石中冲击波的参数，得出以下结论：①耦合装药爆破时形成的冲击波压力超过岩石抗压强度极限几十倍以上，药包周围岩石形成粉碎区。②与耦合装药爆破相比，不耦合装药爆破可以降低孔壁处岩石中冲击波初始压力，但会增加孔壁后岩石中的冲击波压力。合理的不耦合系数，可使岩石不形成粉碎区，大幅度减少能量耗散。③一般认为水是非线性弹性介质，因此水介质成为炸药爆轰产物与岩石间的弹性缓冲层，增加了能量传递，延长了冲击波作用时间，加大了爆炸的作用范围。

　　谢木栅分析了孔底水耦合装药对爆破效果的改善和实践方法，得出了水耦合能提高爆炸能量利用率、改善爆破效果的结论。王作强等人通过某露天山坡矿采用水耦合装药爆破技术试验与常规爆破对比试验分析，提出利用水耦合爆破可以改善露天深孔爆破效果、提高原矿大块合格率和降低炸药单耗，达到安全增效、降耗的目的。颜事龙等人根据爆轰动力学和弹性波理论，分析推算出水耦合装药爆破炮孔周围岩石中粉碎区和裂隙区半径，并用工程计算实例和 ANSYS/LS-DYNA 数值模拟软件分析装药不耦合系数对岩石破坏范围的影响。郑文像等人在初步分析炮孔水耦合装药爆破时孔壁岩面上的初始透射压力和爆炸荷载作用下岩石内的动态应力分布基础上，推算出炮孔周围岩石中粉碎区半径；在计算裂隙区范围时，引入损伤变量，采用岩石损伤起裂判据计算裂隙区范围，并利用工程实例计算说明其合理性。梁为民等人为研究煤体微差爆破致裂提高煤体瓦斯抽放效率，采用模拟试验方法以导爆管长度精确控制微差时间，完成了单孔和三孔试件相似模拟爆破试验。单孔爆破试验结果表明，复合型切缝药包水介质耦合装药是最佳装药结构；不同微差间隔三孔爆破试验结果表明，合理微差间隔爆破可以形成确定方向裂缝并在其他方向形成一定的微裂纹。刘永胜等人在分析空气介质耦合切缝药包装药结构的基础上，结合含水炮孔爆破技术的成果，提出了一种新的水耦合切缝药包装药结构。在试验室进行了单孔和双孔模型试验，测试了各模型的动态应变值,优化出该装药结构 PVC 管的最佳缝宽为 4mm。利用射流理论对该装药结构作用下岩石的开裂机理进行了探讨。陈士海采用配比为水泥:砂子:石子=1:2:2.5 混凝土模型试验详细介绍了水压爆破的装药结构,建立了水压爆破孔内应力大小的数学模型,计算了单孔装药量,并在现场进行了具体应用,取得了良好的经济效益。朱礼臣等人在山东省临沂市引水管道工程沟槽开挖中,选用潜孔钻机钻孔,深孔水耦合装药爆破等方法进行施工,取得较好的效果。罗云滚等人根据爆炸相似律和水中冲击波的基本方程探讨了炮孔水耦合装药结构的孔壁压力;建立了爆炸载荷作用下岩石的动态应力场,据此从理论上求出了炮孔水耦合装药爆破时裂隙区半径、粉碎区半径和光面爆破或其他成型控制爆破的最佳装药不耦合系数,并通过工程实践对其理论进行了验证。宗琦等人初步探讨了炮孔水耦合装药爆炸冲击波的形成和传播,计算了冲击波的初始参数和孔壁处冲击波参数;并应用弹性理论和波动理论推导出了正入射情况下孔壁岩面上的冲击压力,与同样装药和岩石条件下空气不耦合装药爆破时的孔壁压力进行了比较,结果证明炮孔水耦合装药比空气不耦合装药更能提高爆炸能量利用率,增强破岩能力。

1.2.4　低透气性煤矿瓦斯抽放现状

煤炭在能源系统中占重要地位,是我国乃至世界的主要能源。预计今后一段时间内,世界煤炭需求呈增长趋势,到 2020 年世界煤炭需求量每年平均增长率为1.7%,在未来一段时间中,净增 15.0 亿吨,其中亚洲国家占 13.2 亿吨;同时,随着我国经济持续高速增长,煤炭需求将保持强劲增长势头,需求量也将稳定增长。

煤矿安全技术发展的重点是应用高新技术解决煤矿重大灾害防治中的关键技术难题,提高煤矿灾害综合防治能力。研究高瓦斯低透气性煤层瓦斯抽放技术是重点课题之一。虽然我国煤炭资源丰富,分布地域广阔,但煤层赋存条件差异大,含瓦斯煤层多,瓦斯储量大。我国现有矿井绝大多数属瓦斯矿井。矿井瓦斯事故一直占有很大的比重,造成大量人员严重伤亡和经济损失:2011 年全国煤炭企业死亡 1973 人;2012 年,全国煤炭企业死亡 1384 人;2013 年,全国煤炭企业死亡475 人。为了减少瓦斯灾害,提升井下作业安全性,提高采掘速度,降低通风费用,在高沼气和煤与瓦斯突出的矿井中,抽放瓦斯已经成为保障安全生产的一项重要的技术措施,尤其在通风量已增加到极限值和粉尘问题已经十分严重的情况下,抽放瓦斯更是必不可少的治理瓦斯的主要手段。如何提高煤层瓦斯抽放率,降低煤矿瓦斯事故发生率,提高煤矿生产的安全性是亟待研究和解决的一项世界性难题,对煤矿企业的可持续发展具有十分重要的意义。

改善煤层透气性系数是提高瓦斯抽放的一种途径,而当前国内外所采用的提高煤层透气性的方法有井下或地面水力压裂法、泡沫压裂、酸化处理法等。除泡沫压裂法和酸化处理法外,大部分方法都在我国试验过。国内外水力压裂法的使用经验表明,在一定条件下该法具有一定效果,但也存在一些问题,即仅产生两条垂直于低应力场中最小主应力方向的裂纹,且沿煤层层面扩展,不易产生新裂纹,因此增加煤层透气性的能力是有限的。泡沫压裂法是水力压裂法的一种,它主要是使用了一种新型压裂液,具有带砂能力强等优点,但成本较高。因此,提高煤层透气性,从而快速、大量地抽出高浓度瓦斯是瓦斯抽放技术的关键所在。在我国高瓦斯矿井中有相当多的煤层是低透气坚硬难抽煤层,瓦斯抽放率很低,达不到抽放防突的目的。因此,如何提高此类煤层瓦斯抽放率是我国煤炭工业近十年来亟待解决的研究课题之一。

一般松动爆破法提高瓦斯抽放,虽然能产生很多随机分布的孔边裂纹,但都很短,且造成孔壁严重破碎,致使已生成的裂纹与钻孔连通性不好,或被煤粉堵塞住,只在有限的范围内提高瓦斯抽放,而没有充分体现到远区的瓦斯抽放。为了能够进行更有效的瓦斯抽放,本书采用复合型切缝药包微差爆破法。

国内外进行了关于微差爆破以及装药结构的相关性研究。例如,魏宏轩等人对炮采工作面微差爆破进行研究,推出了微差爆破的合理间隔时间的公式。波克列夫斯基(Pokroviskyi G I)提出充分应力叠加的微差间隔时间。根据叠加原理,柱状药包分成若干个小的单元药包,每个单元药包可看作一个具有按等体积换算的等效半径的球状药包。在微差爆破工程中,由于所使用的普通延期雷管存在延期误差,设计或选择的延期微差时间往往与实际的有较大出入,影响了微差爆破的效果。确定微差爆破的实际微差延迟时间对优化微差爆破效果具有重要意义。凌同华等基于小波变换的时-能密度法具有突出被分析信号能量突变的特点,通过分析监测到的爆破振动信号不同频带的能量随时间的分布情况,能有效地识别出微差爆破中各段雷管的起爆时刻,进而可以确定爆破中所用雷管的实际延期时间。在爆破时,先期起爆的装药在岩石中形成的反射拉伸波和后期起爆装药形成的压缩波相叠加,可增大岩石内的拉应力。而且先期装药爆破在岩石中残余应力也可以增强岩石的破碎作用。美国学者 H. White 等人的研究指出适宜的延迟间隔时间为 5~35ms。吴腾芳、王凯、倪荣福分析了微差爆破间隔时间现有的主要数学模型,从爆破作用机理和地震效应两方面探讨了各模型之间的统一性,并结合大区深孔微差爆破对模型的建立进行了分析。李蒲姣、谢圣权针对某露天矿井开采中大块率高、留有根底等严重影响生产的问题,对原用深孔微差爆破方案、爆破参数和起爆网路等进行了调整和优化,为中深孔微差爆破工程提供了有益的参考。史太禄、李保珍从爆破震动影响因素入手,介绍了点爆源爆破震动的特点,分析了微差间隔时间、测点距爆区距离、药量分布等爆破参数对爆破震动的影响。用实测爆破震动波形论证了多段微差爆破时,爆破震动强度由微差间隔时间、圈点距爆区距离、各段药量分布等爆破参数联合作用决定。当这三种参数达到最佳"匹配"时,就能达到最佳降震效果。徐颖、刘积铭、付菊根根据相似原理和 C. W. Livngston 爆破漏斗理论进行实验室模拟试验指出最佳爆破参数,以此参数为条件进行 5 种不同延迟间隔时间的模型试验,求得破碎效果最佳时间。岩石试件在各种加载的条件下,其波速明显增加。Willie 等做了花岗岩试件在不同的加载方式时,得出了波速随压力增长的曲线,随着温度的增加,纵波速度下降;岩石的密度是岩石中纵波波速的重要影响因素。在岩石中的波速与岩石密度之间的函数关系上,Y. Y. Youash 通过实验研究提出采用脉冲的方法计算纵波波速与岩石密度的关系为线性关系;在岩石介质中,当应力波通过岩石的细微裂纹、空隙与层理时,波速受到介质的应力状态、温度、成分等因素的影响较大;应力波在非均质的岩石介质中传播时,扰动在各个不同矿物晶粒之间传播速度是不同的。A. F. Birch 提出岩石中的波速可以用组成它的各种矿物的波速描述;应力波先使炮孔周壁产生径向裂纹,并由此向外扩展形成裂纹。当孔间存在原生裂隙时,应力波使周壁径向裂纹和原生裂纹同时扩展。杨仁树等用动光弹仪研究了同段与微差爆破机理,得出逐排微差起爆爆破裂纹比同段起爆爆破裂纹多的结论。在用单孔爆破的波形来合成多孔微差延时起爆波形时,J. N. Brune 提出如下几点假设:①每个深孔装药的爆炸都相当于一次脉冲激励,多孔爆炸为一随机脉冲过程;②爆破的网孔参数恒定,不考虑地形地质变化的影响;③ 每个孔爆炸后在测点处产生相同的波形。Douglas、Andrew、Stephen 得出了用单孔爆破模型模拟多孔爆破模型的函数;Stump、Reamer、Hinzen 得出了简单的调制函数形式,从而使通过单孔爆破的波形来合成多孔爆破的波形成为可能。倪红坚、王端和利用非线性动力有限元方法和岩石的动态损伤模型,系统研究了脉冲射流的速度、长度、频率以及脉冲的数量等参数对破岩效果的影响,并用试验进行了验证,得到当脉冲射流的速度、长度和脉冲数量增大时,岩石的破碎效率迅速增大,射流的破岩效果随频率的增大呈现先增大后减小的趋势,存在一个最优频率范围。

1.2.5 存在的问题

从国内外爆破专家对定向断裂控制爆破的研究成果来看,其理论水平还不够完善,尚不能有效地应用于工程实践中,主要体现在以下几个方面:

①定向断裂控制爆破在硬岩中应用的成果较多,但不能直接应用于煤岩,需要对其进行研究;

②切缝药包定向断裂控制爆破,虽然能够在实际应用中产生定向断裂的爆破效果,但其理论水平还不够完善,需要对其进行补充;

③切缝药包定向断裂控制爆破在光面爆破中应用较多,而在微差爆破中应用较少,需要对其进行研究。

1.3 研究内容和技术路线

1.3.1 研究内容

综合分析三种爆破方法的定向断裂控制爆破的效果和实用性,主要研究复合型切缝药包定向断裂控制爆破的方法。复合型切缝药包定向断裂控制爆破的理论是基于切缝药包定向断裂控制爆破破岩理论,围绕着此问题,主要从以下几个方面进行研究。

(1)复合型切缝药包定向断裂控制爆破试验研究。

在切缝药包爆破理论基础上,采用实验室相似模拟试验研究,具体研究内容如下。

①单孔试件。

通过超声波测试爆破前后试件声波的变化,测试爆破后试件的损伤大小;通过预埋应变砖测试应力波的变化,确定切缝方向和非切缝方向应变量的大小;通过试件损伤大小、应变量大小和爆破效果等,综合评价两种切缝药包在不同耦合介质爆破条件下对试件的定向效果。

②三孔试件。

通过超声波测试爆破前后试件声波的变化,测试爆破后试件的损伤大小;通过预埋应变砖测试应力波的变化,确定切缝方向和非切缝方向应变量的大小;通过试件损伤大小、应变量大小和爆破效果等,综合评价复合型切缝药包装药结构在微差爆破中的爆破效果。

(2)复合型切缝药包定向断裂控制爆破理论方面的研究。

根据岩石爆破理论,计算出复合型切缝药包定向断裂控制爆破在切缝处的炮孔壁峰值压力,并于非切缝药包定向断裂控制爆破在切缝处的压力峰值进行对比分析;同时根据波的反射折射理论,得出复合型切缝药包定向断裂控制爆破在非切缝处的炮孔壁峰值压力,并采用莫尔-库仑定律得出在定向方向形成定向裂缝的条件;最后根据岩石断裂力学和爆炸动力学理论,得出裂缝扩展所满足的条件。

(3)复合型切缝药包定向断裂控制爆破数值模拟研究。

采用 ANSYS10.0/LS-DYNA 软件对复合型切缝药包定向断裂控制爆破进行数值模拟试验研究,分别采用单孔、三孔试件进行定向断裂控制爆破试验研究。

首先采用单孔试件对复合型切缝药包、PVC 管与炸药耦合模型和 PVC 管与炮孔耦合模型进行数值模拟分析,得出三种装药结构下的爆炸效果图、等效塑性应变云图、压力云图、速度矢量图和等效塑性应变时程曲线,并对三种装药结构的爆破效果和各种力学性质进行对比分析。然后对复合型切缝药包采用水耦合和空气耦合的爆破效果和力学性质进行对比分析。最后对复合型切缝药包采用三孔试件进行爆破模拟分析,并得出了各种爆破效果图,并对三孔试件和单孔试件压力进行对比分析。

1.3.2 技术路线

本书拟采用相似模拟、理论研究、数值模拟相结合的方法对复合型切缝药包定向断裂控制爆破进行研究,以期对复合型切缝药包定向断裂控制爆破机理有进一步的认识,为实际工程应用提供一定的理论基础。研究技术路线如图 1-4 所示。

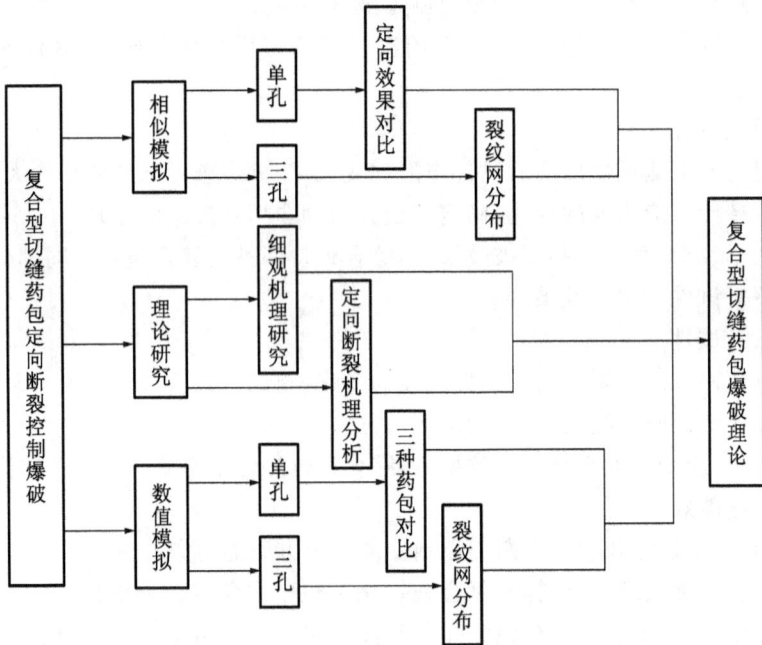

图 1-4 研究技术路线图

1.3.3 创新成果

综合分析定向断裂控制爆破的研究成果,结合切缝药包定向断裂控制爆破的理论,得到如下创新成果:

①在切缝药包定向断裂控制爆破基础上,提出了复合型切缝药包定向断裂控制爆破;

②利用复合型切缝药包的定向断裂爆破和微差爆破脉冲加载的方法来改善爆破裂纹网的分布;

③经过理论推导得出了复合型切缝药包定向断裂控制爆破的爆炸应力场分布;

④经过理论推导得出复合型切缝药包定向断裂控制爆破在切缝方向的峰值压力计算公式;

⑤采用导爆管爆速稳定的特点,用其长度来控制微差时间,保证了实验室微差爆破的精确性。

2 复合型切缝药包控制爆破试验研究

2.1 引　　言

本章在实验室进行定向断裂控制爆破相似模拟试验研究。根据相似理论确定了单孔试件模型和三孔试件模型,用损伤变量、应变量和爆破效果对试件进行宏观描述,研究复合型切缝药包的爆破效果,为有效实施定向断裂控制爆破提供一定的参考。

2.2　试验内容和测试系统

2.2.1　试验内容

根据土岩爆破相似律,建立不同指标的模型材料。单孔试件:通过超声波测试爆破前后声波的变化、预埋应变砖测试应力波的变化、改变两种切缝药包在不同耦合介质的爆破效果,综合评价试件的定向效果。三孔试件:通过超声波测试爆破前后声波的变化、不同微差时间的爆破效果和预埋应变砖测试试件中应变量的变化,以改善煤岩爆破裂纹网为目的,综合评价复合型切缝药包在微差爆破中的爆破效果。主要研究下列内容。

①通过单孔试件定向断裂控制爆破试验,分析两种切缝药包(复合型切缝药包和常规切缝药包)采用不同耦合介质的爆破效果,确定合理装药结构,同时对比分析两种药包的定向效果。

②通过三孔试件微差爆破试验,分析复合型切缝药包在不同微差时间的爆破效果,分析复合型切缝药包在不同微差时间内形成爆破裂纹的分布特点。

2.2.2　测试系统简介

超动态电测法的基本原理是将模型内的应变片在爆炸瞬间接收到的应变量

(伸长或缩短)转化为电量,经过前置电荷放大器放大后再与便携式数据采集仪和计算机相连,通过专用 DasView 2 虚拟软件对数据进行采集,超动态应变测试和数据处理系统见图 2-1。USB 便携式数据采集仪见图 2-2。应力波测试分析系统见图 2-3。爆破损伤检测采用武汉岩海公司生产的 RS-ST01C 型非金属声波检测仪,见图 2-4。

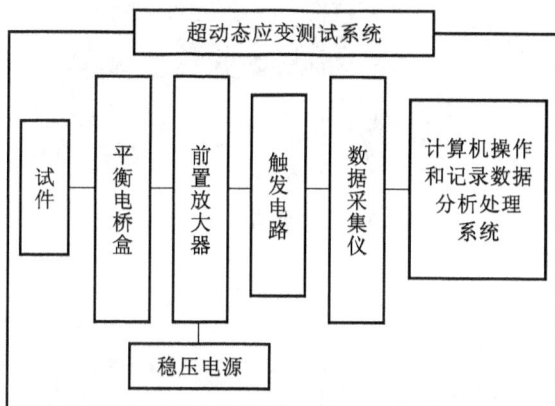

图 2-1　超动态应变测试和数据处理系统

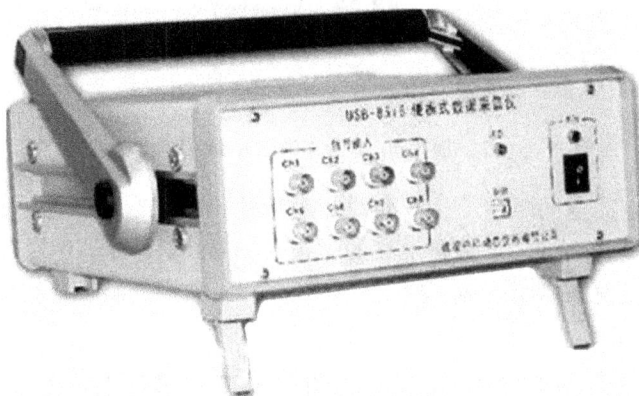

图 2-2　USB 便携式数据采集仪

DasView 2 虚拟软件是 1998 年推出的专用虚拟仪器软件,在 Windows 操作系统中运行,支持瞬态采集分析产品,功能强大,操作方便,具有多种数据处理功能,以及 FFT、功率谱、相关、微积分、滤波、传递函数等算法。

声波测试是弹性波测试方法中的一种,其理论基础建立在固体介质中弹性波的传播理论上,该方法是以人工激振的方法向介质(岩石、岩体、混凝土构筑物)发

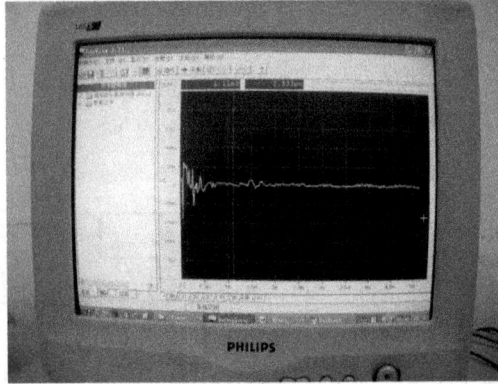

图 2-3　应力波测试分析系统

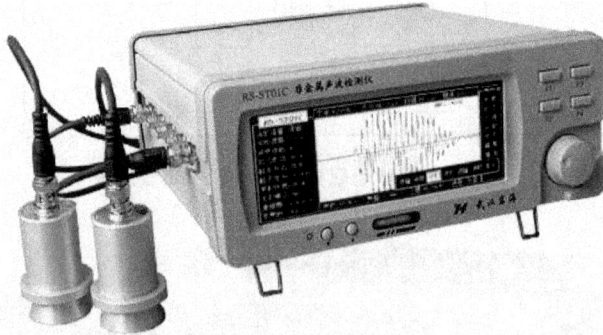

图 2-4　非金属声波检测仪

射声波,在一定的空间距离上接收介质物理特性调制的声波。超声波测试是一种方法灵活、快捷、投入低、技术含量高的无损检测技术。RS-ST01C 集电子技术、计算机技术、声发射技术于一体,是低耗、高效、稳定、便携的新一代智能化测试仪,其测试原理见图 2-5。

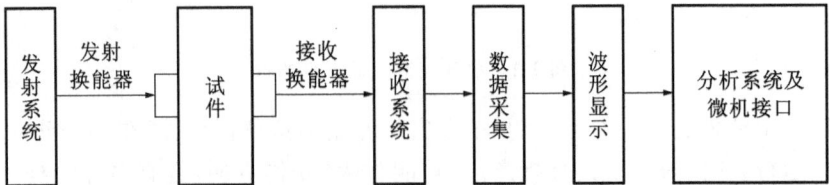

图 2-5　声波测试原理图

2.3　试验方案

根据试验目的和相似准则,预留直径为 16mm、深度为 230mm 的炮孔,单孔试件均位于模型中心位置,三孔试件炮孔连线与模型一边平行。爆破时采用复合型切缝药包和常规切缝药包装药结构。同时在试件四周用钢板加围压,并在钢板上涂一层黄油,消减边界效应和应力波的反射影响。

2.3.1　相似模型的设计

(1)相似理论。

相似的弹性结构,在几何相似、载荷相似的条件下,其应力-应变应有下述关系。

相似条件中几何相似用一个特征尺寸 L 相似代表,载荷相似是总载荷 P 相似。结构的弹性参数有 5 个,即弹性模量 E、泊松比 μ、剪切模量 G、体积模量 B 和拉梅常数 λ。但 G、B 和 λ 都可以由 E、μ 推导出来,从而结构的材料性质选取弹性模量 E、泊松比 μ 及容重 ρ 为参数进行模拟。其应力的方程为

$$f(\sigma, p, E, \mu, \varepsilon, \rho, g, L) = 0 \qquad (2-1)$$

采用因次分析的方法推导试件的相似准则,其中 μ, ε 本身为无因次量,其他参数的因次矩阵见表 2-1。

表 2-1　　　　　　　　　　　　　　　因次矩阵

	σ	p	E	ρ	g	l
M	1	1	1	1	0	0
L	-1	1	-1	-3	1	1
T	-2	-2	-2	0	-2	0
π_1	1	0	0	-1	-1	-1
π_2	0	1	0	-1	-1	-3
π_3	0	0	1	-1	-1	-1

得到独立 π 项(即相似准则):

$$\pi_1 = \frac{\sigma}{\rho g l}, \quad \pi_2 = \frac{p}{\rho g l^3}, \quad \pi_3 = \frac{E}{\rho g l}, \quad \pi_4 = \mu, \quad \pi_5 = \varepsilon \qquad (2-2)$$

方程(2-1)可写为

$$\phi = (\pi_1, \pi_2, \pi_3, \pi_4, \pi_5) = 0 \quad \text{或} \quad \frac{\sigma}{\rho g l} = \phi'\left(\frac{p}{\rho g l^3}, \frac{E}{\rho g l}, \mu, \varepsilon\right) \quad (2-3)$$

按照相似理论,模型试件与实际岩石相似的充分条件和必要条件为其两者的上述 5 个 π 项皆相等,取 $\dfrac{C_p}{C_\rho C_g C_l^3}, \dfrac{C_E}{C_\rho C_g C_l}, C_\mu, C_\varepsilon$ 均等于 1,即

$$C_p = C_\rho C_g C_l^3 = C_\rho C_l^3, \quad C_E = C_\rho C_g C_l = C_\rho C_l, \quad C_\mu = 1, \quad C_\varepsilon = 1$$

则

$$C_E = C_\rho C_g C_l = C_\rho C_l \quad (2-4)$$

由此可见,对应并无限制,故同样适用于大变形非线性问题。只要满足几何相似及应力-应变相似,则结论均适用。可见,选择结构静力学模型时应遵循的条件方程为 $C_p = C_\rho C_l^3$,$C_E = C_\rho C_l$,$C_\mu = 1$,$C_\varepsilon = 1$。而由模型上测得的应力结果换算关系式为 $C_\sigma = C_\rho C_l$。由此可见,在模型设计中,几何缩尺 C_l 及容重比是其主要参数,只要这两者确定以后,模拟材料性质的其他参数也可由此确定。

模拟试件长度缩尺 $C_l = 10$,煤的密度取 $\rho = 1.31 \text{g/cm}^3$,煤的抗压强度为 35MPa,模拟煤的试件材料选用水泥、石膏、烟道灰,模拟天然煤的试件密度 $\rho = 1.16 \text{g/cm}^3$,故 $C_\rho = 1.31/1.16 = 1.129$,得

$$C_p = C_\rho C_l^3 = 1129 \quad (2-5)$$

$$C_E = C_\sigma = C_\rho C_l = 11.29 \quad (2-6)$$

实验表明,由于实际赋存煤层中存在层理、节理和裂隙,而人造模拟材料经过充分搅拌、压实,质地较均匀,模拟试件的抗压强度比天然煤大。本设计中提出裂隙系数,考虑煤矿岩石层理、节理及风化情况,模拟煤取 1.96,即抗压强度为 10MPa 的人造模拟材料在按 1:1 实际模拟时,相当于抗压强度为 19.6MPa 的天然煤。因此考虑人造模拟试件质地较均匀,天然煤存在层理、节理及裂隙,故模拟天然煤 $C_E = C_\sigma = 22.13$。

因此,模拟材料配方设计中,要求模拟试件的抗压强度为

$$\sigma = 35/22.13 = 1.58(\text{MPa}) \quad (2-7)$$

(2)相似模型的制作。

依据相似准则和国际岩石力学协会实验室及现场实验标准委员会关于"岩石中不连续面定量描述建议方法"所建议的参数,采用 400mm×400mm×270mm 的模型做三孔试件,采用 400mm×300mm×270mm 的模型做单孔试件。共制作 23 个试件,其中 8 个单孔试件(图 2-6)、15 个三孔试件(图 2-7)。

(3)应变砖的制作。

①按水泥:石膏:烟道灰:水=1:0.4:1.4:2.24 的配比(质量比)进行称量,然后加水混合搅拌均匀。

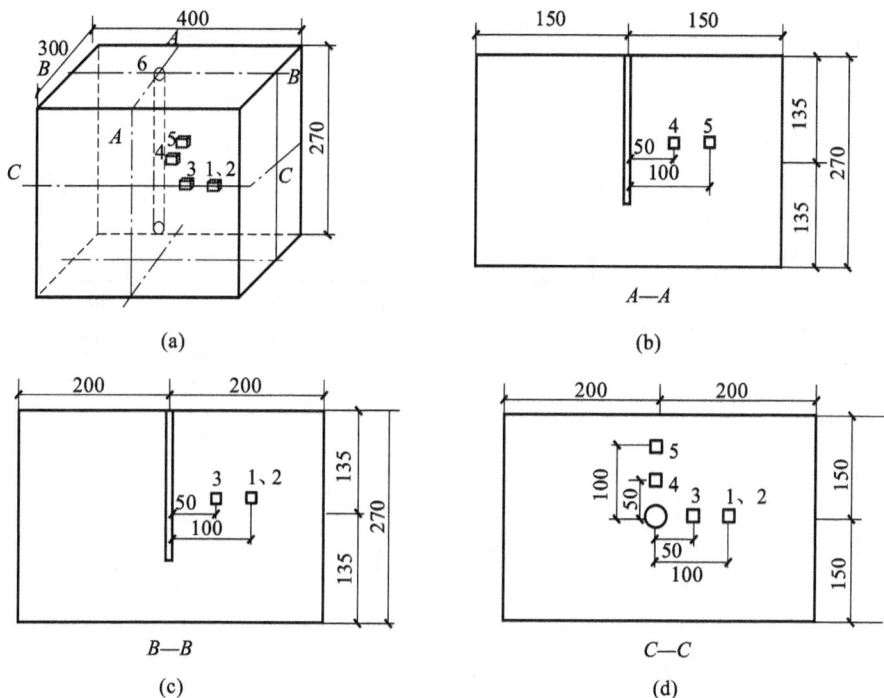

图 2-6　单孔试件布置图

(a)单孔试件立面图;(b)A—A纵剖面图;(c)B—B纵剖面图;(d)C—C横剖面图;
1～5—应变砖;6—炮孔

②在 20mm×20mm×20mm 模具中先涂上一层脱模剂,然后浇注砂浆,边浇边搅拌边压实,注意排除气孔,保证表面平整。经 24h 固化后,脱模、清边、修理。

③粘贴应变片。先用 502 胶在应变砖上涂一层胶水,把应变片小心地放在应变砖上,再用大拇指进行滚压,待胶层充分固化或聚合后,于应变片两侧固定两根多芯导线,使导线分别与应变片引线相连接。为了防潮,再在应变片上涂一层胶水。连接好的应变砖见图 2-8。

(4)模拟材料的力学性能参数。

为了得到模拟材料的力学性能参数,试验之前采用尺寸为 70.7mm×70.7mm×70.7mm 的模具做了 11 组小试件,见图 2-9(a)。养护 28d 后用长春试验机研究所研制生产的 CSS-55100 型电子万能试验机进行了测试,并通过 MTS 公司最新版的 TestWorks 4 计算机软件进行了采集、计算等[图 2-9(b)],得到各物理力学性能参数测试结果符合相似准则,见表 2-2。

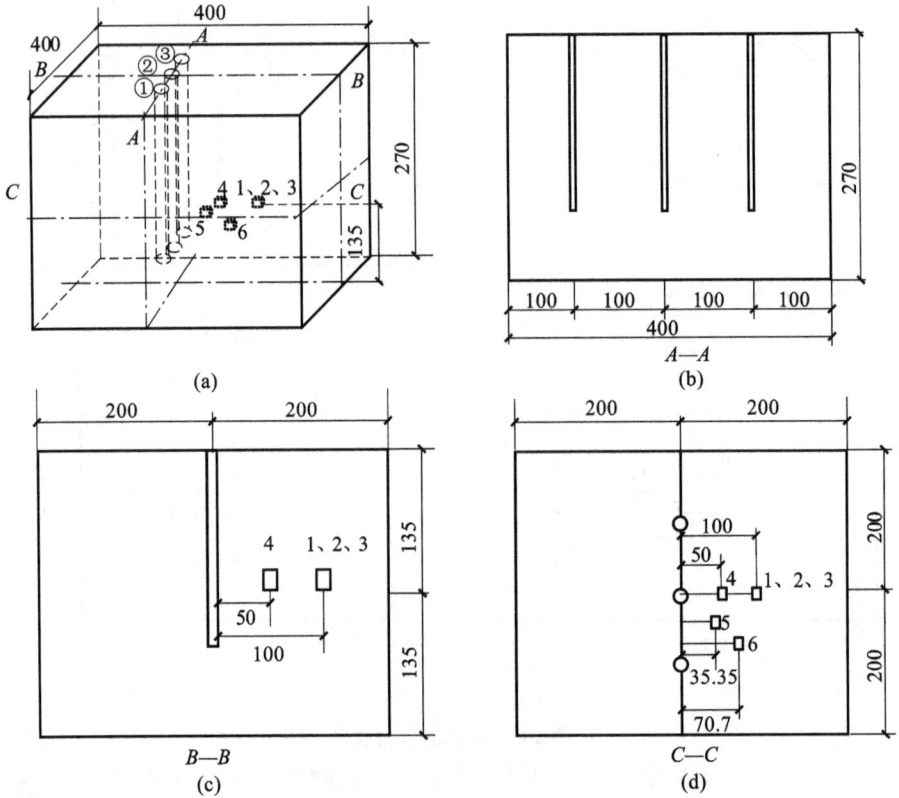

图 2-7 三孔试件布置图

(a)三孔试件立面图；(b)A—A 纵剖面图；(c)B—B 纵剖面图；(d)C—C 横剖面图；

1~6—应变砖；①,②,③—炮孔

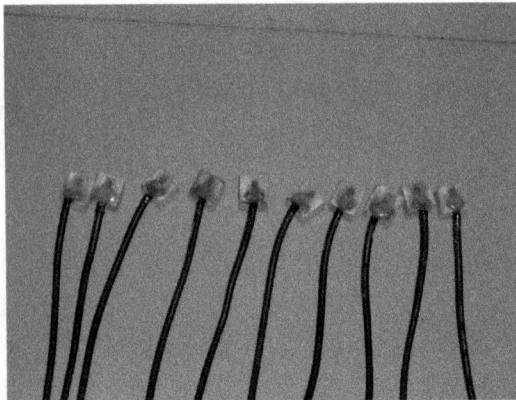

图 2-8 测试元件

(a)

(b)

图 2-9   测试系统

表 2-2   **模拟材料的物理力学性能参数**

材料	配比 （质量比）	密度/ （$10^3 \, \text{kg}/\text{m}^3$）	抗压强度/ MPa	弹性模量/ MPa
水泥：石膏：烟道灰：水	1：0.4：1.4：2.24	1.10	1.60	169.45

2.3.2 爆破参数的选取

(1)钻孔直径和孔深。

根据模型相似的几何准则确定,钻孔直径 $d=16\text{mm}$,孔深 $h=230\text{mm}$。单孔试件直接在模型中心打孔,见图 2-6;三孔试件沿模型的中心按 100mm 间距打 3 个孔,连线与模型一边平行,见图 2-7。

(2)不耦合系数 K_v。

爆轰物理学指出,不耦合装药起爆后,爆炸气流从装药处以绝热状态向外膨胀,其作用于岩壁上的压力,取决于炸药的爆轰压力和不耦合系数。微差爆破时,作用于炮孔的压力有三部分,即爆生气体的膨胀压力,孔中原有空气冲击波波阵面压力,高速运动的压缩空气和爆生气体质点冲击孔壁产生的增压。由于空气冲击波压力及增压相对于总压力小得多,在计算时可以乘以适当的系数来代替空气冲击波压力及增压的作用。要保证孔壁不出现压碎,应满足以下要求:

$$P \leqslant \sigma_{\text{cmax}} \tag{2-8}$$

同时,应在炮孔周围形成一定数量的微小裂纹,这样才能形成裂缝,应满足:

$$P_2 \geqslant \sigma_{\text{tt}} \tag{2-9}$$

式中　σ_{cmax}——岩石的极限抗压强度,MPa;

$\quad\ \ \sigma_{\text{tt}}$——岩石的动抗拉强度,一般为抗拉强度的 $1.3 \sim 1.5$ 倍,MPa;

$\quad\ \ P$——用于炮孔壁上的实际压力,MPa;

$\quad\ \ P_2$——炸药爆炸后用于炮孔壁上的冲击压力,MPa。

由理论推导可得:

$$\begin{cases} P_{\text{L}} \cdot \left(\dfrac{P_0}{P_{\text{L}}}\right)^{\frac{\gamma}{k}} \cdot \left(\dfrac{1}{K_v^2}\right)^{\gamma} + \dfrac{P_0}{K+1} \cdot \left(\dfrac{1}{K_v^2}\right)^2 \leqslant \dfrac{\sigma_{\text{cmax}}}{C_{\text{f}}} \\[3mm] \dfrac{P_0}{K+1} \cdot \left(\dfrac{1}{K_v^2}\right)^2 \geqslant \dfrac{\sigma_{\text{tt}}}{C_{\text{f}}} \end{cases} \tag{2-10}$$

式中　K_v——不耦合系数;

$\quad\ \ P_0$——爆生气体的初始平均压力,MPa;

$\quad\ \ K$——炸药的绝热等熵指数,凝聚态炸药通常取值为 3;

$\quad\ \ P_{\text{L}}$——临界压力,即爆生气体等熵膨胀过程中压强占主导地位的压力,通常取 $P_{\text{L}}=2\times10^8\text{MPa}$;

$\quad\ \ \gamma$——空气的绝热等熵指数,$\gamma=1.3$;

$\quad\ \ C_{\text{f}}$——炮孔内空气冲击波及增压系数,近似取 $C_{\text{f}}=1.1\sim1.2$。

根据给定的模型材料和炸药类型,由其参数可确定 K_v 的取值范围。对于本次爆破模型中的模拟煤岩材料算得 K_v 约为 1.6。

（3）钻孔间距 a。

钻孔间距的确定原则，应能够使裂缝贯通，同时又不出现过度破碎。根据钻孔半径、炸药及岩石性质确定的计算公式为：

$$a = r_1 V_e \sqrt{\frac{2\mu\rho_0}{(1-\mu)\sigma_{tmax}}} \tag{2-11}$$

式中　　r_1——炮孔半径，mm；

　　　　V_e——炸药爆轰速度，m/s；

　　　　μ——岩石泊松比；

　　　　ρ_0——炸药密度，g/cm³；

　　　　σ_{tmax}——岩石极限抗拉强度。

经过理论计算和爆破实验及评价，确定最优孔间距 a 为 100mm。

（4）药包直径 d_0。

$$d_0 = 2r_0 = \frac{2r_1}{K_v} \tag{2-12}$$

式中　　d_0——药包直径，mm；

　　　　r_0——药包半径，mm；

　　　　r_1——炮孔半径，mm；

　　　　K_v——不耦合装药系数。

算得 $d_0 = 16$mm。

（5）线装药密度 q_l。

由于各层岩石强度不同，应根据各层岩石特性计算线装药密度 q_l，按经验公式：

$$q_l = 0.36\sigma_{cmax} \cdot a^{0.67} \tag{2-13}$$

式中　　q_l——线装药密度，g/m；

　　　　σ_{cmax}——材料极限抗压强度，MPa；

　　　　a——钻孔间距，cm。

a 已知，σ_{cmax} 可根据各层材料的强度确定。将材料力学性质参数和炸药性质参数代入式(2-13)计算，q_l 分别为 0.09kg/m 和 0.14kg/m。在前几次模拟试验中，依据理论计算的线装药密度值进行了试验，发现模拟试件损伤超过设计，因此线装药密度调整为 0.07kg/m。

（6）复合型装药结构。

药包由大小两层 PVC 管组成，外层为 16mm 的 PVC 管，内层为 10mm 的 PVC 管，并开 180°、0.3mm 宽的裂缝，如图 2-10(a)所示。为了使药包处于炮孔中心，在直径为 10mm 的 PVC 管一端用绝缘胶布缠绕几圈，以能放入直径为 16mm

的 PVC 管为宜,然后小心地放入炮孔中。

(7)常规切缝药包。

本药包由炮孔和 PVC 管组合而成,PVC 管直径为 16mm,并在管两侧开 180° 对称缝。药包结构见图 2-10(b)。

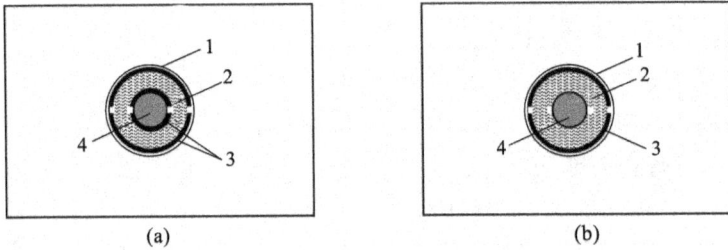

图 2-10　切缝药包

1—炮孔;2—水;3—PVC 管;4—炸药

(8)装药、堵塞和起爆。

为使炸药爆炸时能够获得良好的不耦合效果,药包应置于炮孔的中心。炸药装填好以后,加入一定量的水,用纸团等软物质盖在药包上,再用干砂等松散材料堵塞密实。把引火药头或雷管脚线与起爆器相连,进行最后一次调试仪器,然后起爆。

(9)微差时间的实现。

在实验室小试件上进行微差爆破,微差时间控制是一个难题,本试验依据导爆管爆破速度比较稳定的性能,拟采用不同长度的导爆管来控制试验所需的时差。下面是导爆管爆速的测定方法。

导爆管是高压聚乙烯熔融后挤拉出的空心管子,外径为(2.95±0.15)mm,内径为(1.4±0.1)mm,在管的内壁涂有一层很薄而均匀的高能炸药,药量为 14~16mg/m。当导爆管被击发后,管内产生冲击波,并进行传播,管壁内表面上薄层炸药随冲击波的传播而爆炸,所释放出的能量补偿冲击波在波动过程中产生能量的消耗,维持冲击波的强度不衰减,故导爆管的传爆性能比较好,爆破速度比较稳定。爆破试验之前,先用湖南湘西州奇搏矿山仪器厂生产的 BQ-2B 型爆破器材参数综合测试仪进行了导爆管爆速的测定。共测了 4 组,平均爆速为 1761.75m/s,考虑误差的影响,采用爆破速度为 1760m/s。测试情况见表 2-3。

表 2-3　　　　　　　　　　　　　　**导爆管爆速测试**

试验序号	导爆管长度/10^{-2}m	传播时间/10^{-6}s	速度/(m/s)
1	10	56.8	1761
2	10	56.6	1767

试验序号	导爆管长度/10^{-2} m	传播时间/10^{-6} s	速度/(m/s)
3	20	113.8	1757
4	20	113.5	1762

2.3.3　试验步骤

①用水泥：石膏：烟道灰：水＝1：0.4：1.4：2.24 的配比（质量比）制作应变砖和试件，应变砖养护 7d，试件养护 28d。

②在爆破前，首先测定试件的纵波速度，以便和爆破后的波速进行对比，确定其损伤。

③爆破前先测预埋应变砖阻值，以确定应变片完好无损。将数据采集仪各通道与电荷放大器各通道对应接好，并调试仪器。为了保证波存仪能捕捉到信号，采用上升沿内触发。

④将试件中与应变片相连的每根导线与平衡电桥盒一一对应接好，确保无误后进行标定。

⑤在爆破前，检测炸药的爆速和猛度，以确定其实际值。在试验中，装药量应根据理论计算和实际效果确定。为了保证堵塞效果，炮孔装药长度以外采用黄土进行堵塞。

2.4　单孔试件爆破前、后超声波和爆炸应力波测试分析

单孔试件中应变砖的位置分为定向方向和非定向方向两种，其中 1、2、3 应变砖为定向方向（1、2 为两相垂直应变花）；4、5 为非定向方向，共埋设 5 个应变片，其位置见图 2-6。模型试验装药和爆破前后超声波测试结果见表 2-4。试验了 8 个模型，对 40 个测点的应变波进行了测试，共采集到有效波形 12 个，其余测点由于误触发、应变片干扰等没采集到波形或波形无效。部分单孔试件爆破效果图见图 2-11。用窗函数截取波形，并输出数据，经过简单的 5 点 3 次平滑及零线修正后，读取其应变峰值和峰值时间，其结果见表 2-5，所测到的应变波形如图 2-12 所示，其中第一位数字为试件编号，第二位数字为应变砖编号（其中 1、2 分别为径向、切向），后三位数字为应变砖到炮孔的距离。

表 2-4 单孔试件试验装药和爆破前后超声波测试一览表

试件	测点位置	药量/g	耦合介质	声波速度/(m/s)		平均损伤变量 D	装药结构及爆破效果描述
				爆前	爆后		
1#	上部	0.5	水	2161	1922	0.21	1. 复合型切缝药包; 2. A—A 面形成裂缝,并且比较平直,B—B 面有两条裂纹
	中部			3444	2871	0.31	
	下部			5034	4188	0.31	
2#	上部	0.95	空气	2381	1567	0.57	1. 常规切缝药包; 2. A—A 面形成裂缝,B—B 面形成没有贯通的小裂纹,如图 2-11(a)所示
	中部			2095	1025	0.76	
	下部			4765	2678	0.69	
3#	上部	1.0	水	2031	0	1	1. 复合型切缝药包; 2. 形成十字交叉贯通性裂缝,在应变砖处开裂程度大,如图 2-11(b)所示
	中部			3126	0	1	
	下部			4267	0	1	
4#	上部	0.5	空气	2367	2111	0.21	1. 复合型切缝药包; 2. A—A 面出现裂缝,在应变砖所在位置开裂程度较大,如图 2-11(c)所示
	中部			2531	2230	0.22	
	下部			2868	2562	0.20	
5#	上部	1.0	水	4386	0	1	1. 常规切缝药包; 2. PVC 管切缝方向出现两条裂缝,但没有贯通,如图 2-11(d)所示
	中部			3165	0	1	
	下部			4854	0	1	
6#	上部	0.7	水	3359	2966	0.22	1. 复合型切缝药包; 2. 形成十字交叉形裂缝,定向缝开裂的比较平直,如图 2-11(e)、(f)所示
	中部			3942	3511	0.21	
	下部			5034	4111	0.33	
7#	上部	0.95	空气	5034	0	1	1. 复合型切缝药包; 2. 形成十字交叉贯通性裂缝,裂缝比较平直,如图 2-11(g)所示
	中部			4942	0	1	
	下部			5329	0	1	
8#	上部	0.5	空气	2469	2337	0.10	1. 复合型切缝药包; 2. 短边开裂一条缝,如图 2-11(h)所示
	中部			2783	2547	0.16	
	下部			2813	2773	0.04	

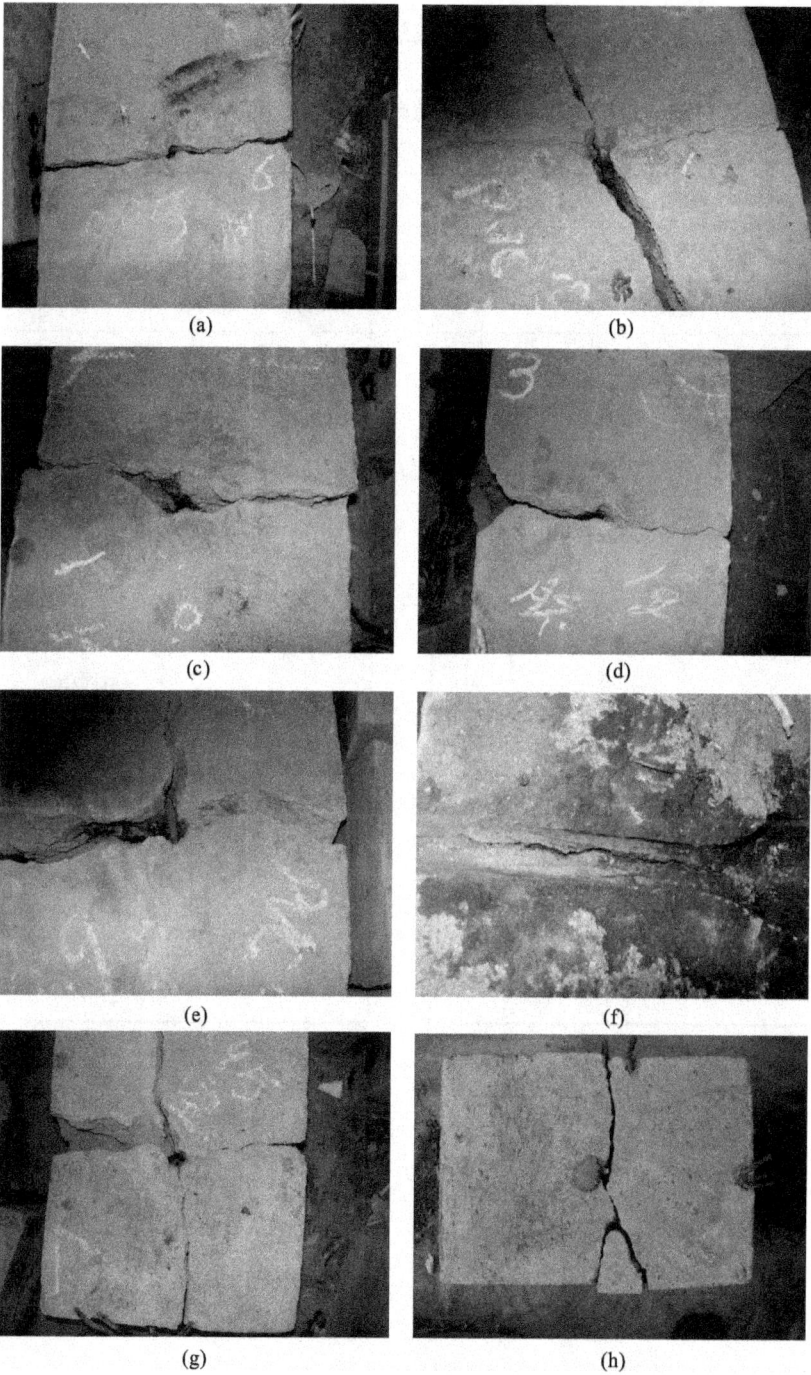

(a)

(b)

(c)

(d)

(e)

(f)

(g)

(h)

图 2-11　部分单孔试件爆破效果图

表 2-5　　　　　　　　　　　　单孔试件应变、峰值时间一览表

试件	应变砖 1		应变砖 3		应变砖 4		应变砖 5	
	应变峰值/	峰值时间/	应变峰值/	峰值时间/	应变峰值/	峰值时间/	应变峰值/	峰值时间/
	$\mu\varepsilon$	ms	$\mu\varepsilon$	ms	$\mu\varepsilon$	ms	$\mu\varepsilon$	ms
2#	1087.80	0.08	1215.06	0.08	—	—	1182.30	0.08
3#	699.93	0.19	—	—	3311.28	0.10	505.68	0.20
5#	—	—	—	—	−266.17	0.16	—	—
7#	2100.00	0.24	2100.00	0.24	1789.83	0.24	2100.00	0.24

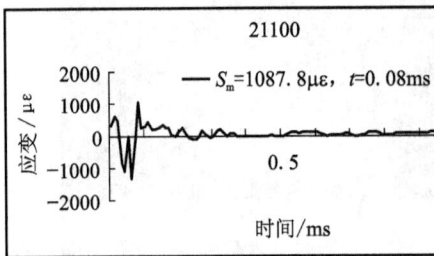

(a)

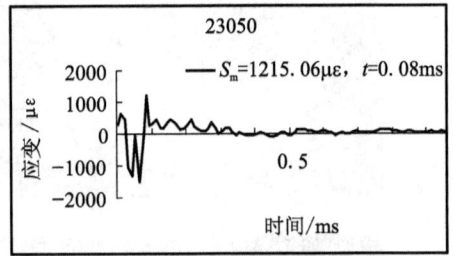

(b)

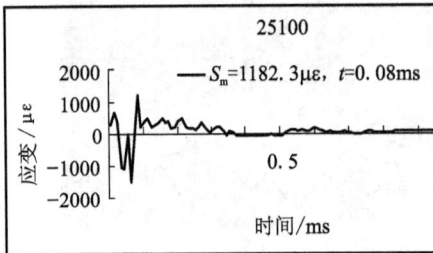

(c)

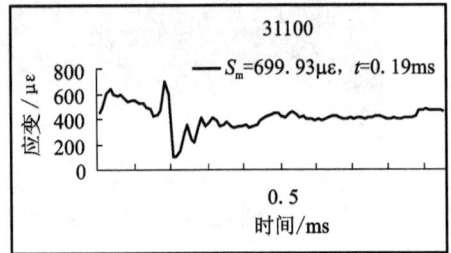

(d)

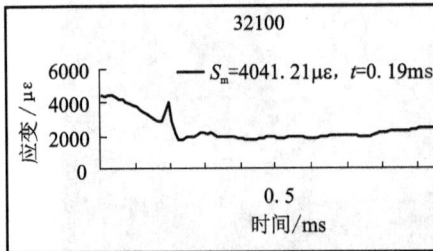

(e)

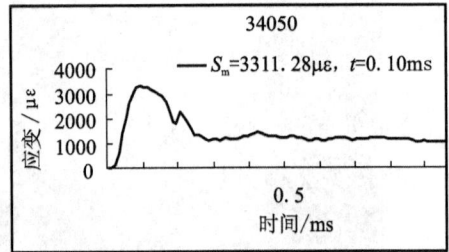

(f)

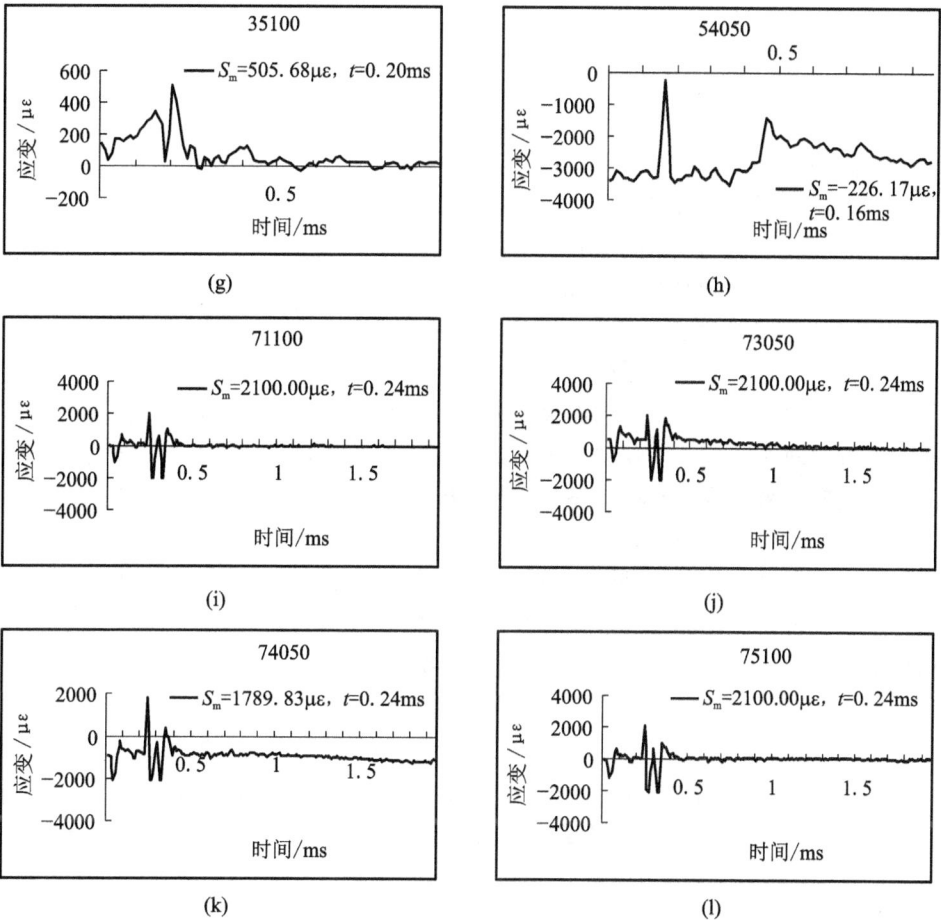

图 2-12 应变波形图

2.4.1 爆破前、后超声波测试分析

声波测试技术是借助于对介质（岩石、岩体、混凝土及金属材料）施加动荷载（爆炸、冲击）或扰动发出弹性波在介质中传播,通过测量弹性波的波速、振幅、频率等参数,来研究介质的物理力学性质及其内部构造特征的一种方法和技术。声波测试原理是根据弹性动力学理论,弹性波在均匀各向同性介质中传播时,其传播速度与介质的密度和动弹性模量有关。如果介质的纵波速度和横波速度已知,其他力学参数可以通过计算求得。

$$E = \rho \frac{(1+\mu)(1-2\mu)}{1-\mu} = 2\rho(1+\mu)C_{\mathrm{S}}^2 \tag{2-14}$$

$$G = \rho C_{\mathrm{S}}^2 \tag{2-15}$$

$$\mu = \frac{\left(\dfrac{C_P}{C_S}\right)^2 - 2}{2\left[\left(\dfrac{C_P}{C_S}\right)^2 - 1\right]} \tag{2-16}$$

式中　ρ——介质密度；

　　　C_P——介质中传播的纵波速度；

　　　C_S——介质中传播的横波速度；

　　　E——介质的动弹性模量；

　　　G——抗剪切模量或刚性模量；

　　　μ——介质的泊松系数。

声波法就是通过测量到的波速及波形的变化来反映岩石内部的组成及结构特征。岩石中的弹性波速度反映了岩石的物理力学性质，在岩石力学中，通过采用岩石的声波速度来评价岩石的完整性、确定岩石的动态弹性常数以及探测岩石内部的缺陷等已经得到广泛的应用。介质中弹性波速度是介质密度和弹性常数的函数，而弹性常数的变化又反映了介质内部的损伤和破坏程度，因而岩石弹性波速的变化也就反映了岩石的损伤和破坏情况。根据弹性纵波波速和弹性模量的关系及损伤的定义，可以得到损伤变量与波速的关系为：

$$D = 1 - (C_p/C_0)^2 \tag{2-17}$$

式中　C_p,C_0——损伤岩石及未受损伤的岩石的声速，岩石在爆破过程中要受到损伤，那么只要测定前后岩石中的弹性波速，就可根据式(2-17)确定岩石受爆破作用后的损伤和破坏情况，爆破前、后损伤情况见表2-4。爆破效果见图2-11。爆破前、后声幅见图2-13。

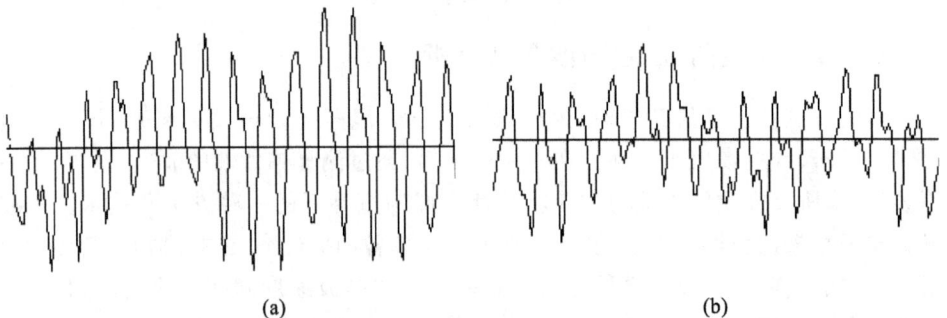

(a)　　　　　　　　　　　　　　　　(b)

图 2-13　试件爆破前、后声幅图

(a)1#试件中部爆破前声幅(3444m/s)；(b)1#试件中部爆破后声幅(2871m/s)

根据爆破效果、爆破前、爆破后声波测试图可得下述结论。

①当用水耦合装药时,试件的损伤比较均匀,而用空气做耦合介质,试件的损伤变化小,如用水耦合的 $1^\#$ 试件,上、中、下部分的损伤变量分别为 $D=0.21$、$D=0.31$、$D=0.31$,而用空气耦合的 $8^\#$ 试件,上、中、下部分的损伤变量分别为 $D=0.10$、$D=0.16$、$D=0.04$,表明水耦合能量利用充分,能够达到比较好的爆破效果,并且试件内的裂纹分布也较均匀。

②在不同抵抗线的情况下,复合型切缝药包水耦合爆破能够在定向方向形成不同程度的裂缝。如 $1^\#$、$3^\#$、$6^\#$ 试件,在 $A—A$ 面和 $B—B$ 面都能够形成不同程度的裂缝,只是 $A—A$ 面开裂的程度较大,表明 $A—A$ 面的裂缝抵抗线较小,这与爆破损伤的边界效应理论是吻合的,而 $B—B$ 面的裂缝是由复合型切缝药包在切缝方向的爆炸产物的能流密度较大引起的。

③当药量较小时,两种耦合介质的爆破效果明显不同,采用水耦合不仅在 $A—A$ 面形成断裂,而且在 $B—B$ 面形成裂缝,而采用空气耦合的试件只能在 $A—A$ 面形成断裂。如药量为 0.5g 的 $1^\#$、$4^\#$、$8^\#$ 试件,$1^\#$ 试件采用水耦合,能够在 $A—A$ 面形成断裂,在 $B—B$ 面形成裂缝;而采用空气耦合的 $4^\#$、$8^\#$ 试件只能在 $A—A$ 面形成断裂。说明采用复合型切缝药包水耦合装药结构,在切缝方向的能流密度大于采用空气耦合的能流密度。

④当药量适当时,复合型切缝药包定向断裂控制爆破既能够在 $A—A$、$B—B$ 面形成比较平直的十字交叉形裂缝,又不会在其他方向形成粉碎性破裂。如 $1^\#$、$3^\#$、$6^\#$ 试件采用药量为 0.7g 的 $6^\#$ 试件,能够形成比较理想的定向断裂效果;药量为 0.5g 的 $1^\#$ 试件,只能在 $A—A$ 面形成断裂,药量为 1.0g 的 $3^\#$ 试件,虽然能够形成十字交叉形裂缝,但在其他方向试件开裂的程度比较大。这说明本次试验所用炸药量存在一个合理的范围,炸药量不管多与少都不能形成比较理想的定向断裂效果。

⑤在采用水耦合,药量为 1.0g 的爆破条件下,复合型切缝药包在切缝方向的定向断裂效果优于常规药包的定向断裂效果。如 $3^\#$、$5^\#$ 试件,$3^\#$ 试件采用复合型切缝药包,能够在 $A—A$、$B—B$ 面形成十字交叉形裂缝;而 $5^\#$ 试件采用常规切缝药包,能够在 $A—A$ 面形成断裂,而 $B—B$ 断面形成没有贯通性的裂纹。

⑥在采用空气耦合,药量为 0.95g 的爆破条件下,复合型切缝药包在切缝方向的定向断裂效果优于常规药包的定向断裂效果。如 $2^\#$、$7^\#$ 试件,$7^\#$ 试件采用复合型切缝药包,能够在 $A—A$、$B—B$ 面形成十字交叉贯通性裂缝,且裂缝比较平直;而 $2^\#$ 试件采用常规切缝药包,在 $A—A$ 面形成断裂,而 $B—B$ 断面形成没有贯通性的小裂纹。

2.4.2 爆炸应力波测试分析

分析所测波形,可得到以下结论。

①在相同条件下,复合型切缝药包定向断裂控制爆破测得的应变峰值高于常规切缝药包定向断裂控制爆破的应变峰值。如采用常规切缝药包的 2$^\#$ 试件应变峰值为 21100($S_m = 1087.8$)、23050($S_m = 1215.06$)、25100($S_m = 1182.3$),而采用复合型切缝药包的 7$^\#$ 试件相应位置的应变峰值为 71100($S_m = 2100.00$)、73050($S_m = 2100.00$)、75100($S_m = 2100.00$)。这表明复合型切缝药包装药结构结合了常规切缝药包装药结构的优点,内层 PVC 管使爆炸气体产物得到聚能,外层 PVC 管使非切缝方向的爆炸产物得到抑制,增大了特定方向爆炸产物的能流密度,达到了比较好的爆破效果。

②单孔试件切缝方向、未切缝方向应变有一定的区别,切缝方向的应变是未切缝方向应变的 1.17 倍,如 7$^\#$ 试件,切缝方向的应变为 73050($S_m = 2100.00$),而未切缝方向相应的应变为 74050($S_m = 1789.83$)。这表明高温高压的爆炸产物首先冲击在药包外壳的内壁上,由于在药包的切缝方向不存在任何阻力作用,因此,造成缝隙附近高温高压的爆炸产物向切缝方向汇集,使得这个区域的岩石首先直接受到高温高压的爆炸产物的作用,这种高温高压的爆炸产物对岩石局部区域的冲击作用进一步增加了作用在炮孔壁上的最大压应力值,使得切缝方向的压力差进一步增大,从而提高了切缝方向的定向效果。

2.5 三孔试件爆破前、后超声波和爆炸应力波测试分析

三孔试件中应变砖的位置分为定向方向和非定向方向成 45°两种,其中 1、2、3、4 应变砖为定向方向(1、2、3 为三相 45°应变花),5、6 应变砖与定向方向成 45°方向,共埋设 4 个应变砖,其位置如图 2-7 所示。为了得到比较精确的微差间隔时间,用瞬发电雷管-导爆管-黑索金接力起爆系统,根据导爆管长度的不同控制微差时间。模型试验装药和爆破前、后超声波测试结果见表 2-6。三孔试件爆破效果图见图 2-14。试验共采用了 15 个试件,对 90 个测点的应变波进行了测试,所测到的应变波形见图 2-15,其中前两位数字为试件编号,第三位数字为应变砖编号(其中的 1、2、3 分别为切向、径向、切向),后三位数字为应变砖到炮孔的距离。其余测点由于误触发、应变片干扰等没采集到波形或波形无效。用窗函数截取波形,并输出数据,经过简单的 5 点 3 次平滑及零线修正后,读取其应变峰值和峰值时间,其结果见表 2-7。

表 2-6   三孔试件试验装药和爆破前、后超声波测试一览表

试件	测点位置	药量/g	声波速度/(m/s)		损伤变量 D	爆破损伤破坏情况	备注
			爆前	爆后			
1#	上部	0.5	3657	3265	0.20	三孔连线形成裂缝,①号孔处出现了裂纹分叉,在定向方向有少量裂纹,眼痕率较高	1.复合型切缝药包;2.①号孔为瞬发,②号孔为延期 0.75ms,③号孔为延期 1.5ms
	中部		3978	3422	0.26		
	下部		4036	3687	0.16		
2#	上部	0.5	3774	3211	0.28	三孔连线形成裂缝,一侧出现裂纹分叉,切缝方向有可见裂纹,眼痕率较高	1.复合型切缝药包;2.②号孔为瞬发,①号孔和③号孔为延期 1ms
	中部		3854	3022	0.39		
	下部		4640	3842	0.31		
3#	上部	0.7	3419	3346	0.04	中间为瞬发,两边为延期,三孔连线形成比较平直的裂缝,眼痕率较高	1.复合型切缝药包;2.②号孔为瞬发,①号孔和③号孔为延期 25ms
	中部		3845	3555	0.15		
	下部		4366	3879	0.21		
4#	上部	0.5	2948	2711	0.15	三孔连线形成裂缝,试件其他方向没有可见裂纹,如图 2-14(a)、(b)所示	1.常规切缝药包;2.②号孔为瞬发,①号孔和③号孔为延期 0.5ms
	中部		3152	2833	0.19		
	下部		5326	4986	0.12		
5#	上部	0.7	2855	0	1	三孔连线形成裂缝,在一侧出现大范围破裂,在切缝处出现凸凹不平的裂纹,眼痕率较高	1.复合型切缝药包;2.②号孔为瞬发,①号孔和③号孔为延期 1ms
	中部		3021	0	1		
	下部		4762	0	1		
6#	上部	0.7	3623	3213	0.21	①号孔有三条贯通性裂纹,并在孔壁处出现了大量裂纹,眼痕率较高	1.复合型切缝药包;2.①号孔为瞬发,②号孔为延期 1ms,③号孔为延期 2ms
	中部		3876	3369	0.24		
	下部		4012	3598	0.19		
7#	上部	0.7	3021	0	1	三孔连线形成裂缝,在一侧边孔切缝处出现裂缝,眼痕率较高,如图 2-14(c)、(d)所示	1.复合型切缝药包;2.②号孔为瞬发,①和③号孔为延期 0.5ms
	中部		4096	0	1		
	下部		4890	0	1		

试件	测点位置	药量/g	声波速度/(m/s)		损伤变量 D	爆破损伤破坏情况	备注
			爆前	爆后			
8#	上部	0.5	2296	1876	0.33	三孔连线形成裂缝,①号孔裂纹分叉,切缝方向出现可见裂纹,②号孔、③号孔在切缝处有少量裂纹	1.复合型切缝药包; 2.①号孔为瞬发,②号孔为延期1ms,③号孔为延期2ms
	中部		2996	2469	0.32		
	下部		3257	2765	0.39		
9#	上部	0.5	2901	0	1	三孔连线形成裂缝,①号孔出现了大量裂纹,②号孔、③号孔在切缝方向有少量裂纹,眼痕率较高	1.复合型切缝药包; 2.②号孔为瞬发,①号孔为延期1ms,③号孔为延期1.5ms
	中部		3021	0	1		
	下部		4700	0	1		
10#	上部	0.6	3419	3214	0.12	三孔连线形成裂缝,在两侧也出现了少量裂纹	1.常规切缝药包; 2.三孔同时起爆
	中部		4640	4137	0.21		
	下部		4876	4331	0.21		
11#	上部	0.5	2901	2737	0.11	三孔连线形成裂缝,孔壁切缝处有一定数目的可见裂纹,眼痕率较高	1.复合型切缝药包; 2.②号孔为瞬发,①号孔和③号孔为延期1ms
	中部		3236	2981	0.15		
	下部		3890	3573	0.15		
12#	上部	0.6	3735	3675	0.04	三孔连线方向形成贯通裂缝,并且呈喇叭形	1.常规切缝药包; 2.①号孔为瞬发,②号孔为延期1ms,③号孔为延期2ms
	中部		3876	3626	0.12		
	下部		4096	3816	0.13		
13#	上部	0.5	4362	4261	0.04	三孔连线方向形成贯通裂缝,眼痕率较高	1.复合型切缝药包; 2.①号孔为瞬发,②号孔为延期2ms,③号孔为延期4ms
	中部		5096	4819	0.10		
	下部		5150	4967	0.07		
14#	上部	0.5	4211	4022	0.08	三孔连线方向形成裂缝,②号孔在切缝处有一定数目的小裂纹,眼痕率较高	1.复合型切缝药包; 2.三孔同时起爆
	中部		4640	4417	0.10		
	下部		4879	4655	0.09		

(a)

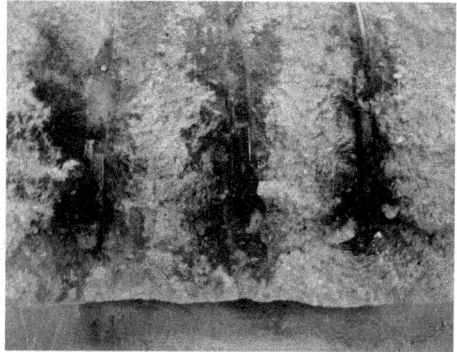

(b)

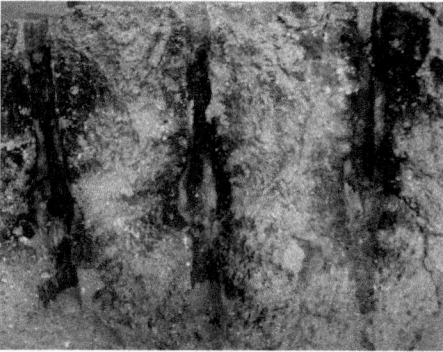

(c)

(d)

(e)

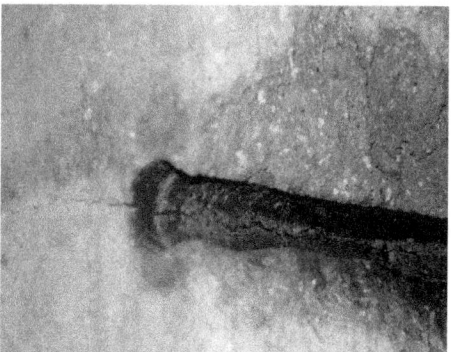

(f)

图 2-14　三孔试件爆破效果图

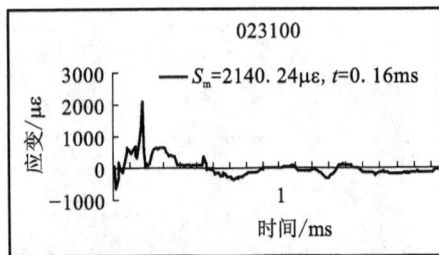

(a)

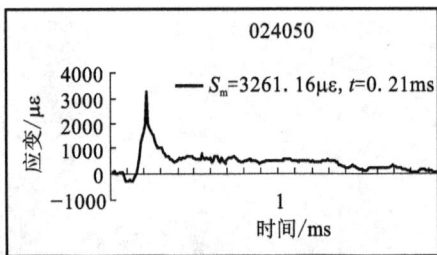

(b)

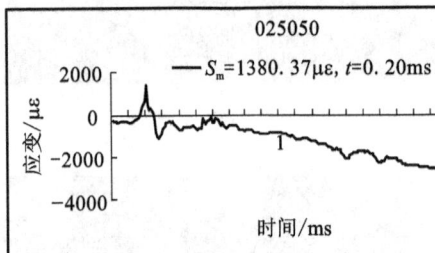

(c)

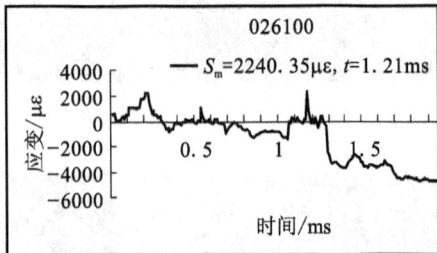

(d)

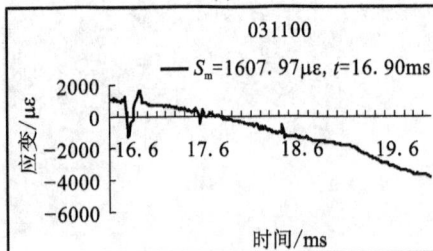

(e)

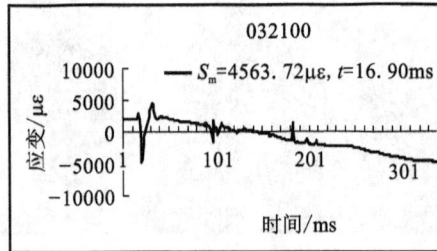

(f)

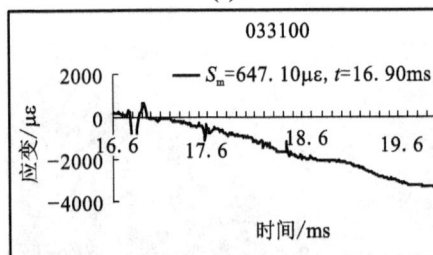

(g)

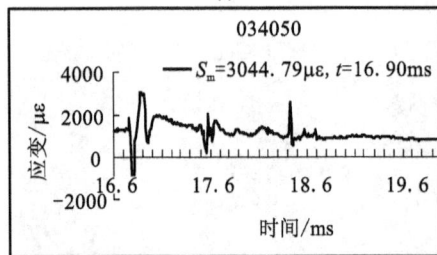

(h)

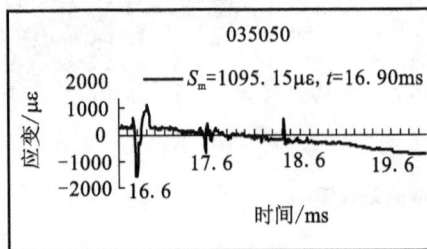

(i)

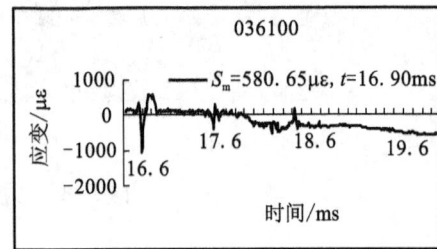

(j)

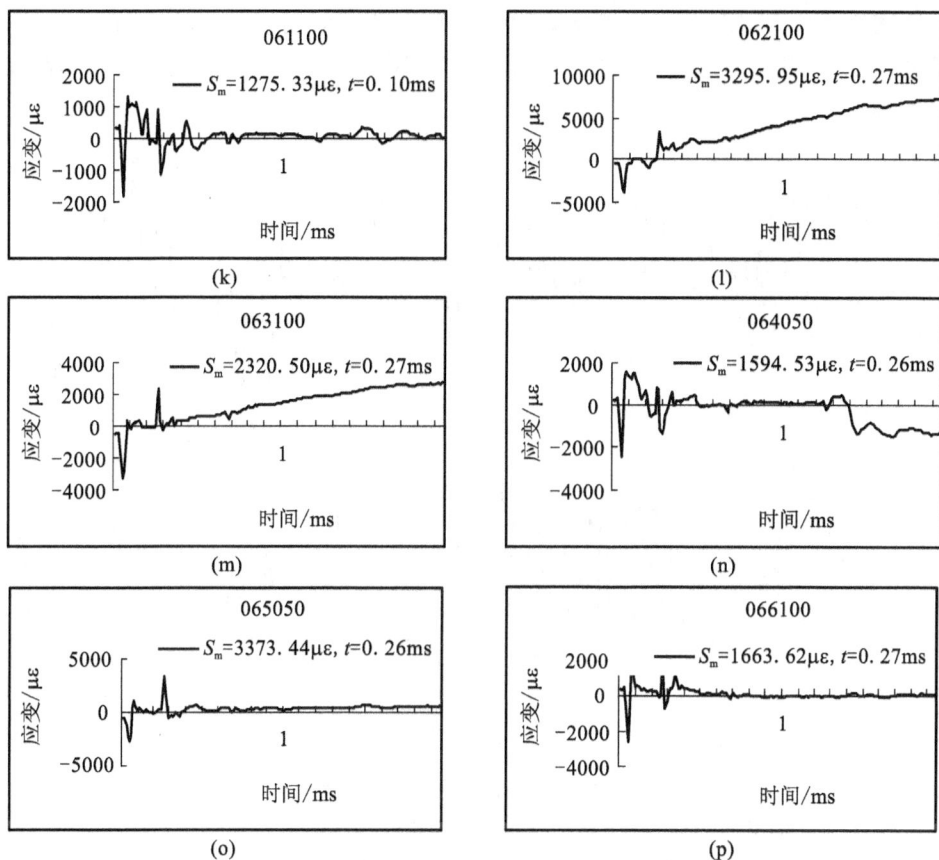

图 2-15 应变波形图

表 2-7   三孔试件应变峰值、峰值时间一览表

试件	应变砖 1		应变砖 2		应变砖 3		应变砖 4		应变砖 5		应变砖 6	
	应变峰值/με	峰值时间/ms	应变峰值/με	峰值时间/ms	应变峰值/με	峰值时间/ms	应变峰值/με	峰值时间/ms	应变峰值/με	峰值时间/ms	应变峰值/με	峰值时间/ms
2#	—	—	—	—	2140.24	0.16	3261	0.21	1380.37	0.20	2240.35	1.21
3#	1608	16.9	4563.72	16.9	647.10	16.9	3045	16.9	1095.15	16.9	580.65	16.9
6#	1275	0.1	3295.95	0.27	2320.50	0.27	1595	0.26	3373.44	0.26	1663.62	0.27

2.5.1 爆破前、后超声波测试分析

爆破前在试件每一层的侧面水平方向布置 6 对声波测点,每个方向 3 对。声

波测试仪器采用 RS-ST01C 非金属声波检测仪,测试时用黄油将探头与测点进行耦合,由仪器直接读出声波速度。爆破效果见图 2-14。试件爆破前、后声幅图见图 2-16。

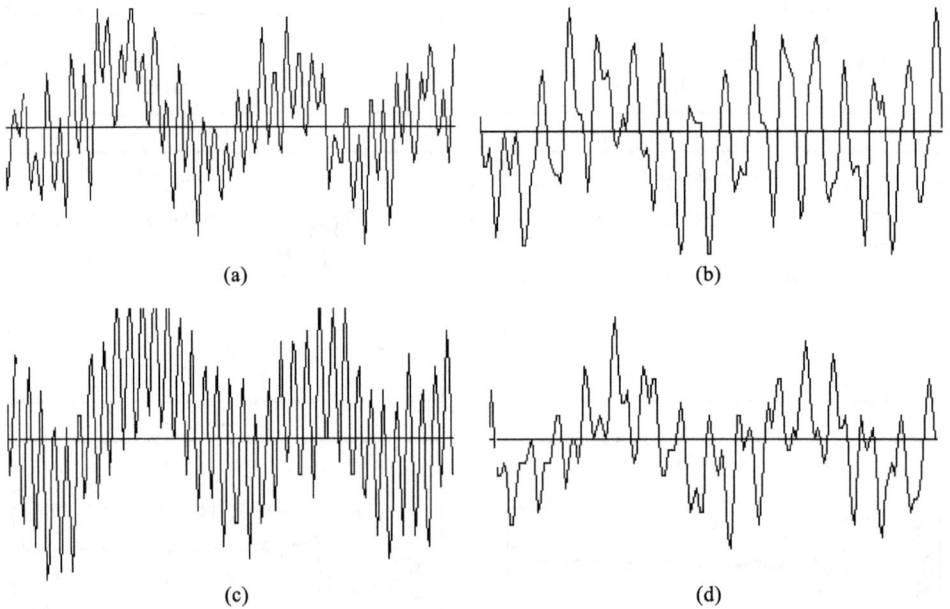

(a)

(b)

(c)

(d)

图 2-16　试件爆破前、后声幅图

(a)2#试件中部爆破前声幅(3854m/s);(b)2#试件中部爆破后声幅(3022m/s)

(c)3#试件中部爆破前声幅(3845m/s);(d)3#试件中部爆破后声幅(3555m/s)

①当药量为 0.7g,起爆方式相同时,复合型切缝药包微差爆破比常规切缝药包微差爆破的爆破效果理想。复合型切缝药包微差爆破不但能够在三孔连线方向形成裂缝,而且在切缝方向形成定向裂缝,如 7#试件,见图 2-14(c)、(d);而常规切缝药包微差爆破只能在三孔连线方向形成裂缝,在切缝方向没有可见裂纹,如 4#试件,见图 2-14(a)、(b)。

②当微差爆破时,不但能够在特定方向形成裂隙,而且在其他方向能够形成裂纹网。如 11#试件上、中、下三部损伤变量分别为 $D=0.11$、$D=0.15$、$D=0.15$,并在三孔连线方向形成裂缝,孔壁其他方向有一定数目的可见裂纹。

③试件声波速度从上到下依次增加,但在爆后声波速度在中、下部衰减比较大,如 3#试件中部损伤变量 $D=0.15$,下部损伤变量 $D=0.21$,而上部损伤变量 $D=0.04$;2#试件中部损伤变量 $D=0.39$,下部损伤变量 $D=0.31$,而上部损伤变量 $D=0.28$。这表明在药包处出现了裂缝或裂纹。

④随着微差时间的增加,试件的损伤分布不一样,当微差时间较大时,试件损伤主要集中在药包附近,对于上部损伤小,而中、下部损伤比较大;当微差时间比较小时,试件损伤比较均匀,上、中、下三部损伤相差不是很大。如微差时间为25.0ms的3#试件中、下部损伤变量分别为 $D=0.15$、$D=0.21$,而上部损伤变量 $D=0.04$;而微差时间为1.0ms的5#试件上、中、下损伤变量都是 $D=1.0$;微差时间为0.5ms的7#试件上、中、下部损伤变量也都是 $D=1.0$。这表明应力波的叠加在一定的时间段,当在这个微差时间段内时,应力波叠加比较充分,对试件的损伤比较大。

⑤对比相同药量的单孔试件定向断裂控制爆破和三孔试件微差爆破,得到复合型切缝药包既能在单孔试件中形成定向断裂,又能在三孔试件较小微差时间爆破中形成定向断裂。如炸药量为0.7g的6#单孔试件形成十字交叉形裂缝,如图2-11(e)、(f)所示;炸药量为0.7g的7#三孔试件既在三孔连线方向形成裂缝,又在切缝方向形成定向断裂,如图2-14(c)、(d)所示。这说明复合型切缝药包在合理的爆破条件下,既能够在单孔试件中形成定向断裂,又能够在微差爆破中形成定向断裂。

⑥从爆破效果上看,宏观裂隙面都有高压脉冲水射流"楔入"的痕迹,这表明爆破瞬间应力波首先产生宏观裂隙,然后高压水射流"楔入",使裂纹进一步扩展,同时应力波在中远区进行叠加,加剧中远区的微裂纹的扩展,最后形成"爆破裂缝-远区微裂纹-爆破裂缝"连通网络。这种爆破效果有利于煤矿瓦斯抽放。

⑦爆破前声幅波形比较对称,爆破后声幅出现畸变,表明爆破前试件比较均匀,爆破后出现大量裂纹网,阻碍了声波的传播,降低了声波速度,特别是在裂纹处,波形出现了畸变现象。

2.5.2 爆炸应力波测试分析

分析所测波形可得以下结论。

①从应变波形图上可以看出,当中间孔爆破时,在试件中产生了一个损伤应力场,并产生径向裂缝向外扩展,其后高压脉冲水射流"楔入"裂缝,使试件较长时间处于准静应力状态,然后两边孔同时起爆,产生的损伤应力波同时与先期残余损伤应力场进行叠加,加剧了试件的损伤,增加了试件中裂纹密度。

②从应变波形峰值附近振荡情况来看,形成的脉冲加载波在峰值附近反复振荡,使试件中各裂隙在瞬间受到不同程度的脉冲加载。当裂隙的动态强度因子 K_{Id} 大于裂隙的断裂韧度 K_{Ic} 时,裂隙开始失稳、分叉,以较大速度扩展,形成裂纹网状分布。

2.6 小 结

通过以上试验研究得到以下结论。

①通过对单孔试件采用复合型切缝药包和常规切缝药包进行空气、水两种不同耦合介质爆破试验,对比爆破前、后损伤量和爆破效果,得知复合型切缝药包水介质不耦合装药结构能够起到比较理想的定向效果。

②通过对单孔试件爆炸应力波测试分析可知,在相同条件下,复合型切缝药包定向断裂控制爆破测得的应变峰值高于常规切缝药包定向断裂控制爆破的应变峰值,是常规切缝药包峰值的1.0～2.0倍。

③通过微差爆破的相似模拟试验研究,对比损伤量、应变量的变化和爆破效果,研究结果表明复合型切缝药包在合适的微差时间内能够在微差爆破中改善爆破裂纹网的分布。

④导爆管的爆速试验测试稳定,用其长度来控制微差时间,保证了微差起爆的精确性。

3　岩石爆破断裂细观机理研究

3.1　引　　言

为了研究岩石的断裂特性，进一步理解相似模拟的研究成果，本章首先从岩石的破坏类型、损伤和断裂、损伤和塑性的关系分析岩石的断裂特性；再采用热动力学理论和塑性理论分析脆性材料损伤模型的基本演化变量的演化方程；然后分别从宏观断裂力学和细观断裂力学对岩石断裂进行分析；最后尝试采用岩石损伤变量和动态本构关系推导出岩石爆破细观损伤模型。

3.2　岩石损伤断裂特性和损伤力学理论

3.2.1　岩石的破坏类型

近几十年，在岩石材料的强度和破坏特性研究方面得到了长足的发展，这是由于岩石的破坏和破坏后的变形可以直接应用到大型岩土工程的设计当中，这是当前对岩石力学提出的新挑战，也是岩石力学发展的一大飞跃。岩石材料的破坏阶段至今仍然是岩石力学学科的前沿课题。一般来说，岩石的破坏可分为以下几种破坏形式：单轴压力作用下的破坏；围压作用下的剪切破坏；延性破坏，出现破坏区为多个剪切破坏面；拉应力作用下拉断破坏；集中力作用下的破坏，实际上的拉伸破坏。岩石的基本破坏类型分为以下两种(图 3-1)。

(1)剪切破坏：破裂面两侧岩石的相对位移是与破裂面平行的，相当于沿破裂面发生剪切滑动。一般破裂面与最大压应力方向夹角小于 45°。

(2)张性破裂：岩石垂直于破裂面而张开，破裂面往往与最小主应力方向垂直。

上述两种破坏类型说明破坏的局部化作用，即破坏过程实际上在连续介质上出现不连续的剪切带或拉断裂带，它们在细观上构成岩石破坏的基本形式，也即应力峰值过后，岩石内部出现损伤、分岔、成核、断裂过程。

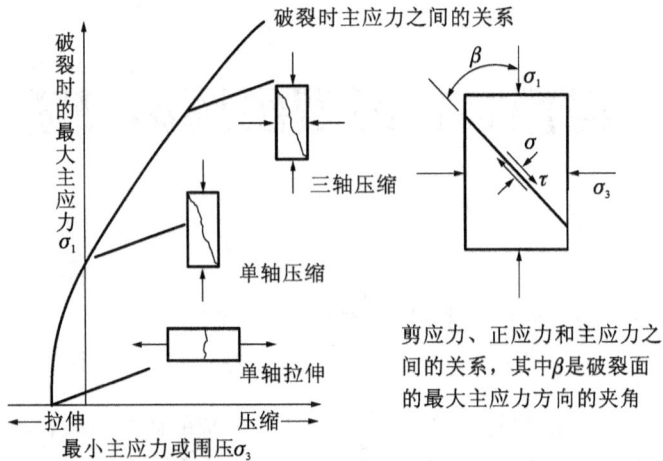

图 3-1　岩石破裂的基本类型和其对应的应力状态

　　岩石的变形破坏发展过程与微裂纹、空隙等有着密切关系。由于结晶颗粒边界上微裂缝的发展,其长度常常达到晶体颗粒的大小,并且变宽。有的空穴发展由基质穿过结晶,有的穿过岩桥。在应力不断增加的情况下,空穴连通,裂纹的数量增加,裂纹合并、分叉,逐渐形成宏观裂缝。

3.2.2　损伤和断裂的关系

　　在材料微观水平上,损伤是指材料内部固有的大量的微缺陷,如微裂纹和微空洞。微缺陷的存在和发展势必削弱材料的连续性,当最终宏观裂纹发生时,材料的连续性完全丧失。宏观裂缝的开裂有一个发展变化过程,微裂纹的发展、积累是宏观断裂发生的前提条件。

　　宏观裂纹形成之后,应以断裂力学来描述。但在宏观裂纹形成之前,在一定的尺度范围下,材料的连续性仍占主导地位,连续介质力学仍然适用。在连续介质力学的框架下,对微缺陷只能用连续的、分布的状态变量来描述,这就是损伤变量。对大量的微缺陷逐一精确描述和计算成本较高,如多裂隙体的分析是不可行的。非局部(nonlocal)的连续介质力学对微缺陷的描述要深入一些,但精确程度还是有限的,很难满足实际工程应用的需要。

　　在连续介质力学引入损伤状态变量,就形成了连续介质损伤力学。损伤力学和断裂力学两者并不矛盾,而是相互补充的关系。损伤力学和断裂力学都属于连续介质力学的范畴。其区别在于对微缺陷的认识和处理,若微缺陷没有贯通,材料单元的连续性还存在,材料的宏观特性主要取决于损伤的发展和积累,则可应用损伤力学来描述;若在一定区域内微缺陷的发展导致微缺陷的贯通,形成宏观断裂,则在该区域内,材料单元的连续性遭到破坏,材料的宏观特性尤其是强度特性由宏观断裂控制,分布的微缺陷除在宏观裂纹尖端起一定的作用外,影响不是很大,则应采用断裂力学来描述。从本构关系的角度来看,和描述塑性流动的屈服面概念相同,描述损伤演化需要损伤面的概念,断裂力学的开裂准则可以看作屈服面或破坏面。损伤力学和断裂力学是同一过程的不同阶段的描述,相互补充,都是必要的。采用损伤力学研究损伤扩展到开裂的全过程还是可能的,如采用损伤局部化方法,但非常复杂。

对一般工程结构,损伤力学适用对象主要是岩石类材料,如岩石和混凝土,这些材料脆性特征比较显著。此时损伤一般是指微裂隙、微空洞、骨料和砂浆的界面相互脱离形成裂隙,骨料和砂浆的相互作用在砂浆内形成裂隙,甚至劈开骨料。岩石强度由裂隙控制更是一个众所周知的事实。因此,虽然岩石和混凝土组成不一样,其宏观力学特性却很接近。

3.2.3 损伤和塑性的关系

从热力学的角度来看,材料内部结的不可逆变化总是伴随一定的能量耗散过程,一部分外部能量在内部结构变化过程中被消耗掉。两种主要的能量耗散机制是塑性和损伤。从宏观力学行为方面来看,它们分别对应不可逆变形及刚度降低;从晶体材料的微观结构来看,它们分别对应于微裂隙的成核及运动。在临界荷载作用下,位错将移动。位错移动是塑性的基础,宏观上即为不可逆变形。在理想情况下,若荷载维持临界值,位错将保持移动,称为理想弹塑性。通常,由于位错相互作用引起位错排列的连续变化会使得临界荷载发生变化,宏观上观测到工作硬化。

当晶格阵列发生滑动时,位错从滑动带的中心位置开始扩展。若这些线状缺陷的运动被一些粒状边界拦截,位错的数量将在拦截处附近增加。颗粒附近的位错积聚增加了局部应力场,从而位错将被迫合并而形成楔形隔离带。当一条足够宽的隔离带形成时,相邻的平面被分离,一条微裂缝的晶核形成。一旦一条微裂缝产生,局部应力场将自动改变。在微裂缝的尖端,应力增加,进而引起进一步的位错滑动和新的位错积聚。在微裂缝的其他部分,应力将释放,使得更多的位错可进入并使微裂缝变宽。由以上说明可以看出,塑性和损伤是两个联系密切且相互作用的机制。一个非弹性的变形过程一般都具有这两种机制,纯粹的塑性或纯粹的损伤过程都极为罕见。从物理角度来看,这两个耗散过程存在本质上的差异,塑性和损伤应看作两个独立的能量耗散机制。

岩石类材料加载初期即有大量微裂隙,它们是能量耗散机制的主导方面,晶格位错是相对次要的方面。由断裂力学理论可知,弹性裂纹扩展在宏观上对应材料刚度的降低,但材料仍为线弹性体,即应力降为零时,变形也为零,这是典型的弹-脆性表现。所以在某种意义上,损伤和刚度折减是等价的。一般来说,实际裂纹都是弹塑性断裂,在裂纹尖端存在一个塑性区,损伤发展宏观表现为弹塑性耦合。对岩石类材料具有特殊且重要意义的是,裂隙面的摩擦是一个重要的能量耗散机制,在压剪状态下经常是主导的能量耗散机制,加载和卸载均有能量耗散,卸载-加载过程为不同路径,形成一个滞回环,和流变模型相类似。由于裂隙面粗糙度引起的剪胀现象也是能量耗散的一个重要方面,综上所述,岩石类材料能量耗散机制非常复杂,但其根源都是微裂隙的存在和发展。

3.2.4　岩石损伤力学理论

所谓损伤,是指材料在一定应力状态下,其力学性能的劣化,如材料内微裂纹的萌生和扩展,内聚力的进展性减弱等。损伤并不是一种独立的物理性质,它是作为一种"劣化因素"被结合到弹性、塑性、黏弹性介质中的。材料的损伤是一种客观事实,损伤则作为一种"劣化因素"被提出来。

损伤力学研究材料从原生缺陷到形成宏观裂纹直至断裂的全过程,也就是通常所指的微裂纹的萌生、扩展或演变,体积元的破坏,宏观裂纹的形成、扩展直至失稳的全过程。损伤力学把材料的微裂纹或结构的演变看作材料力学性能的劣化,从而把这一性质结合到材料的力学性能上。因此,损伤力学依然依据材料连续性的基本假设。材料的损伤是材料内部结构的演变,同时伴随能量的转换。损伤过程是不可逆过程。损伤力学的理论基础是连续介质力学和热力学。

(1)损伤力学的基本概念。

损伤力学首先是在金属材料受拉构件的变形破坏研究中提出的。1958 年,Kachannv 在研究金属的蠕变破坏时,第一次提出了连续性变量和有效应力的概念。后来,Raboton 提出了损伤因子的概念,并初步描述了材料的损伤过程,为连续损伤理论的形成与发展奠定了基础。法国的 Lemaitre、英国的 Leekie、瑞典的 Hult、日本的村上澄男(Murakami)和大野信忠(Ohno)等都为损伤力学的发展做出了贡献。

在荷载作用下,或在其他因素的影响下,材料微结构不断变化或内部的微缺陷的萌生与扩展,导致材料宏观力学性能劣化的结果,称为损伤。

假设材料宏观力学性能劣化的主要原因是微空洞和微裂纹导致有效承载面积的减少。根据这一观点,Hult 把 Kachanov 提出的损伤变量 φ 解释为拉杆断面的实际面积 A_{ef} 与表观面积 A 的比值:

$$\varphi = A_{ef}/A \tag{3-1}$$

由于实际面积的减小,致使截面上的应力 σ 增大。截面上增大后的应力称为"有效应力",记为 σ^*:

$$\sigma^* = \sigma/\varphi \tag{3-2}$$

Robotov 推广了 Kachanov 等人的理论,用 $\Omega = 1 - \varphi$ 作为损伤变量,则

$$\sigma^* = \sigma/(1-\varphi) \tag{3-3}$$

Ω 和 σ^* 就是后来广泛应用的损伤变量和有效应力。

(2)几何损伤理论。

几何损伤理论是由 Murakami 和 Ohno 创立的。损伤的几何描述,即张量表示如下:设有一面积为 S、单位法线为 v 的面元,其面积矢量为 Sv。在单位法线为 n 的平面上,出现面积密度为 Ω 的损伤,即单位面积上的孔隙面积为 Ω,因而在法线为 v 的面元上,"实际"面积矢量 $S^* \cdot v^*$ 与原来的表观面积矢量 Sv 有如下关系:

$$S^* \cdot v^* = Sv - \Omega S_n(n \cdot v) = Sv - \Omega \otimes n \cdot Sv = (I - \Omega)Sv \tag{3-4}$$

式中,I 为单位张量;$\Omega = \Omega n_3 \otimes n_3$ 是一个二阶张量,故称为损伤张量。

可以将张量 $I - \Omega$ 看作是把表观面积矢量 Sv 转换为有效面积矢量 $S^* \cdot v^*$ 的线性变换算子。

设 σ 为 Cauchy 应力张量,σ^* 为有效应力张量,则 σ 与 σ^* 有如下关系:

$$\sigma^* = \sigma/(1-\varphi)^{-1} \tag{3-5}$$

(3)损伤的度量和定义。

在连续介质损伤力学里,损伤变量是一个连续、分布的状态变量,这就决定了损伤变量是材料微缺陷的一个统计测度。直接观测研究材料的微观结构有时是困难的,从唯象的角度来看,损伤的效果总能在材料宏观力学特性上体现出来,故经常采用相对于无损伤材料的刚度折减、强度折减等来定义损伤张量。注意材料刚度折减、强度折减等也是分布微缺陷的一个综合效果,所以无论采用何种定义,损伤变量本质上都是一个统计量。基于材料微观结构的损伤定义如下。

①定义二阶损伤张量 Ω_{ij} 作为空间的平均量。

$$\Omega_{ij} = \frac{1}{2V} \sum_k \int_{S^{(k)}} (b_i \cdot n_j + b_j \cdot n_i)^{(k)} \, \mathrm{d}S^{(k)} \tag{3-6}$$

式中　b_i, b_j, n_i, n_j ——位移连续矢量和沿第 k 个微裂缝面 $S^{(k)}$ 的单位法向矢量;

　　V ——微观结构代表性单元的体积。

该损伤张量包含位移量,它还是一个纯粹的微观测度。该定义对于"附加变形性"或由张开微裂缝导致的损伤非弹性是很好的指标。该定义在热力学上是不正确的,因为它会导致卸载时的能量耗散。

②定义损伤度量 ω。

$$\omega = \frac{\sum a^3}{V} \tag{3-7}$$

式中　a——假定的单个微裂缝的半径；

　　　V——微观结构代表性单元的体积。

该变量与微裂纹导致的材料刚度折减有密切关系。

③定义法线方向 n_i 的损伤变量 ω_n。

$$\omega_n = \frac{S_D}{S} \tag{3-8}$$

式中　S_D——考虑微裂缝的损伤面面积或净面积的减少；

　　　S——沿法线方向 n_i 的单位元的总横截面面积，如图 3-2(a)所示。

相应的净应力概念由 Murakami 在多晶相金属的蠕变损伤情形下建立。微观结构的改变可主要由晶核的形成及孔穴的发展来表征。材料的损伤状态可由图 3-2(c)所示的一个二阶对称张量来描述，将式(3-6)推广为

$$\Omega_{ij} = \frac{3}{S_g(V)} \sum_{k=1}^{N} \int_v n_i^{(k)} \cdot n_j^{(k)} \, \mathrm{d}S_g^{(k)} \tag{3-9}$$

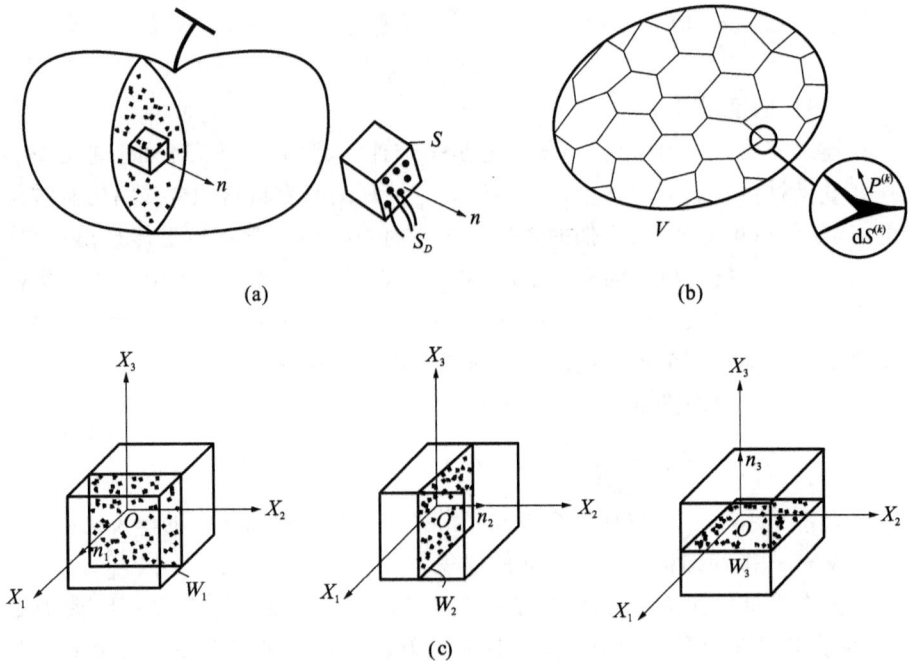

(a)　　　　　　　　　　　　　　　(b)

(c)

图 3-2　净面积减少

(a)损伤单元；(b)有粒状边界穴的体积单元；(c)损伤张量的主平面的净面积减少

损伤对物理量的影响可被测得并用于定义损伤量。

①剩余时间。

这个损伤参数在疲劳里最惯用的定义是生命率 N/N_f，其中 N 和 N_f 分别代表在给定的荷载条件下，当前已加的荷载循环次数与出现初始断裂或失效时的兑换荷载循环次数。

②刚度改变。

③密度改变。

可解释为在延性失效时的损伤变量。

④抵抗力的改变或强度的改变。

⑤声发射。

声音的传播速率改变。本书拟采用声发射理论对实验室相似模拟爆破试件进行损伤变量的测量和评测。

⑥疲劳极限的改变。

也可用剩余寿命来解释。

3.3 脆性材料损伤模型

纯粹的损伤对应完全脆性材料。脆性材料被抽象为刚度减少但未产生不可逆变形的力学模型，如图 3-3 所示。简单起见，只在应力空间考虑恒温、率无关的小变形行为，不考虑塑性变形。下面通过研究，建立脆性材料的一些概念，并介绍引入损伤变量的必要性。

脆性材料的典型特征是在任何特定状态下的线弹性应力-应变都成立。

$$\varepsilon_{ij} = C_{ijkl}\sigma_{kl} \tag{3-10}$$

式中，C_{ijkl} （$C_{ijkl} = C_{jikl} = C_{ijlk} = C_{klij}$）是在当前状态下的弹性柔度。式（3-10）可改写为增量形式：

$$\dot{\varepsilon}_{ij} = \dot{C}_{ijkl}\sigma_{kl} + C_{ijkl}\dot{\sigma}_{kl} \tag{3-11}$$

或

$$\dot{\varepsilon}_{ij} = \dot{\varepsilon}_{ij}^{e} + \dot{\varepsilon}_{ij}^{d} \tag{3-12}$$

式中，$\dot{\varepsilon}_{ij}^{e} = C_{ijkl}\dot{\sigma}_{kl}$，$\dot{\varepsilon}_{ij}^{d} = \dot{C}_{ijkl}\sigma_{kl}$，上角标 e，d 分别指弹性应变和损伤应变部分，如图 3-3 所示。要建立脆性材料的模型，首先要选择反映脆性材料变形特征的基本演化变量。这可以有三个选择。类似于塑性，损伤应变 ε^{d} 可作为一个基本演化变量。而且由于 $\dot{\varepsilon}_{ij}^{d} = \dot{C}_{ijkl}\sigma_{kl}$，$\dot{\varepsilon}_{ij}^{d}$ 和 $\dot{C}_{ijkl}$ 相关，从而 C_{ijkl} 也可作为一个基本演化变量。注意到 $\dot{\varepsilon}_{ij}^{d}$ 可由 $\dot{C}_{ijkl}$ 唯一确定，反之则不然，因此两者并不完全等价。用 C_{ijkl} 作为基本

演化变量是常用的方法,确有损伤模型直接将 C_{ijkl} 作为损伤变量,但通常这并非是最简单和最有效的方法。C_{ijkl} 是一个四阶张量,研究起来比较复杂。引入损伤变量 Ω 当然考虑了许多方面,但在数学方面有一个很重要的好处是降低假定基本演化变量的复杂性。为此假定刚度的减少可完全由损伤变量来确定。

$$C_{ijkl} = C_{ijkl}(\Omega) \tag{3-13}$$

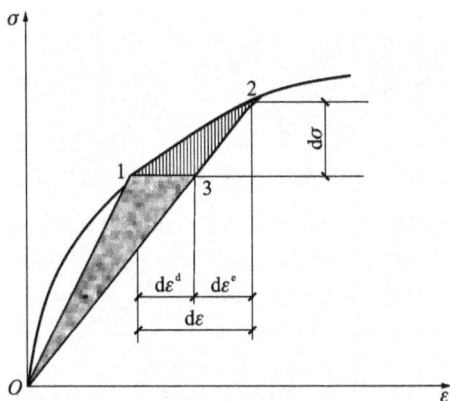

图 3-3　脆性材料的变形

损伤变量 Ω 应该是个标量、矢量或者二阶张量,但不是超过二阶的张量,否则引入损伤变量就失去了意义。需要说明的是,即使损伤变量采用二阶张量的形式,Ω_{ij} 与 $\dot{\varepsilon}_{ij}^d$ 是不同的,因为由前者可完全确定 C_{ijkl}。当然,假定 C_{ijkl} 可完全由 Ω_{ij} 确定,隐含的意思是式(3-13)对 C_{ijkl} 加了特定的限制,从而 C_{ijkl} 不再独立。另外,式(3-12)并未对 C_{ijkl} 加任何限制,而 $\dot{\varepsilon}_{ij}^d$ 不能完全确定 $\dot{C}_{ijkl}$。总之,C_{ijkl} 是最基本的基本演化变量,其他的低阶基本演化变量可简化,但会带来某些近似。

为了建立基本演化变量的演化方程,可采用如下两种方法。

①热动力学理论。

②塑性理论或 Drucker 公设。

需要说明的是,对脆性材料,两种方法对基于 ε_{ij}^d 和 C_{ijkl} 的模型导出一样的表达式,但要建立基于 Ω 的模型则只能采用热力学的方法。

对脆性模型引入一个损伤面,损伤面类似于塑性理论中的加载面或者屈服面。损伤面可表示为

$$F = F(R, H) \tag{3-14}$$

式中,H 是一个适当的内变量,R 是所选基本演化变量,如 ε_{ij}^d、C_{ijkl} 或者 Ω 的广义共轭力。

当应力状态在 F 范围内时,材料表现为弹性行为;当应力点到达 F 的边界时,

$F = 0$，随后的应力增量将引起塑性变形，而且损伤进程取决于增量的方向，如图3-4所示。

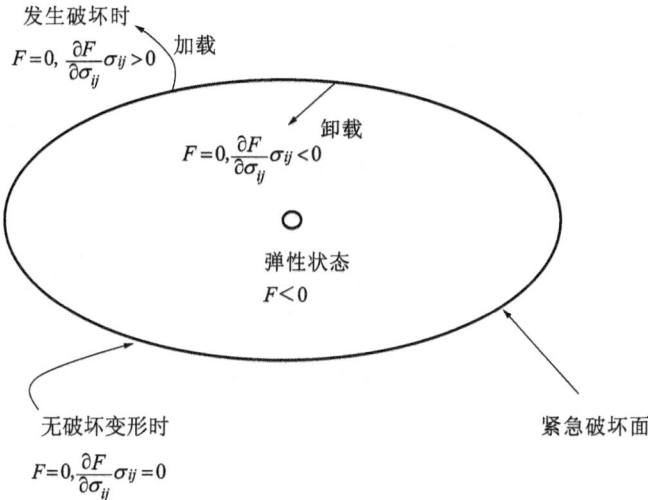

图 3-4 应力空间中的损伤面

弹性加载或者没有损伤的卸载的条件是

$$F < 0 (\text{或 } F = 0) \quad \text{且} \quad \frac{\partial F}{\partial \sigma_{ij}} \dot{\sigma}_{ij} \leqslant 0 \tag{3-15}$$

另外，损伤发生的条件是

$$F = 0 \quad \text{且} \quad \frac{\partial F}{\partial \sigma_{ij}} \dot{\sigma}_{ij} > 0 \tag{3-16}$$

因为在损伤过程中需要满足式(3-16)，从而一致性的条件是

$$\dot{F} = 0 \tag{3-17}$$

即在损伤演化过程中，应力状态始终在 F 面的边界上。

3.3.1 热动力学理论

考虑脆性材料在单位体积内的一个单元，余能在更一般的热力学环境下对应于 Gibbs 能量：

$$u = \frac{1}{2} \sigma_{ij} C_{ijkl} \sigma_{kl} \tag{3-18}$$

由于施加应力而作用在系统上的外力功为

$$\omega = \int_0^{\varepsilon_{ij}} \sigma_{ij} \, \mathrm{d}\varepsilon_{ij} \tag{3-19}$$

在没有热交换的情况下，系统的耗散能量用 u_d 来表示，即

$$u_{\mathrm{d}} = \omega - u \tag{3-20}$$

根据式(3-10)~式(3-12),能量耗散率为

$$\dot{u}_{\mathrm{d}} = \dot{\omega} - \dot{u} = \sigma_{ij}\dot{\varepsilon}_{ij} - \frac{1}{2}\sigma_{ij}\dot{\varepsilon}_{ij} - \frac{1}{2}\dot{\sigma}_{ij}\varepsilon_{ij} = \frac{1}{2}(\sigma_{ij}\dot{\varepsilon}_{ij} - \dot{\sigma}_{ij}\varepsilon_{ij}) = \frac{1}{2}\sigma_{ij}\dot{C}_{ijkl}\sigma_{kl}$$

$$\tag{3-21}$$

它对应于图 3-3 中的阴影面积 01230。注意到图 3-3 中的图案面积 1231 是一个高阶无穷小量,从而能量耗散率可直接由阴影面积 0130 给出:

$$\dot{u}_{\mathrm{d}} = \frac{1}{2}\sigma_{ij}\varepsilon_{ij}^{\mathrm{e}} \tag{3-22}$$

根据热力学第二定律,对不可逆过程来说,能量耗散率是一个非负量,即

$$\dot{u}_{\mathrm{d}} \geqslant 0 \tag{3-23}$$

由式(3-21)可知,$\dot{C}_{ijkl}$ 必须是正定的。与柔度相共轭的广义力定义如下:

$$Y_{ijkl} = \frac{\partial u}{\partial C_{ijkl}} = \frac{1}{2}\sigma_{ij}\sigma_{kl} \tag{3-24}$$

根据最大能量耗散原理,实际的 $\dot{C}_{ijkl}$ 使式(3-24)中的$\dot{u}_{\mathrm{d}}$ 最大。从而有

$$\Lambda^{\mathrm{d}} = \dot{u}_{\mathrm{d}} + \dot{\lambda}F = Y_{ijkl}\dot{C}_{ijkl} + \dot{\lambda}F \tag{3-25}$$

$$\frac{\partial \Lambda^{\mathrm{d}}}{\partial Y_{ijkl}} = 0 \Rightarrow \dot{C}_{ijkl} = \dot{\lambda}\frac{\partial F}{\partial Y_{ijkl}} \tag{3-26}$$

式中,$\dot{\lambda}$ 可由一致性条件 $\dot{F} = 0$ 确定。

对其他基本演化变量,上述过程相同但共轭力不同。如采用 Ω 作为基本演化变量,共轭力及正交法则为

$$R = \frac{\partial u}{\partial \Omega} = \frac{1}{2}\sigma : \frac{\partial C}{\partial \Omega} : \sigma, \quad \dot{\Omega} = \dot{\lambda}\frac{\partial F}{\partial R} \tag{3-27}$$

采用 $\varepsilon_{ij}^{\mathrm{d}}$ 作为一个基本演化变量,在式(3-22)中它的共轭力为 $\frac{1}{2}\sigma_{ij}$。应用最大能量耗散原理,可得到应力水平的正交法则为

$$\varepsilon_{ij}^{\mathrm{d}} = \dot{\lambda}\frac{\partial F}{\partial R} \tag{3-28}$$

3.3.2 塑性理论

在应力空间,Drucker 公设表述为在一个闭合应力循环内外力所做的余功非正,即

$$\oint \varepsilon_{ij}\,\mathrm{d}\sigma_{ij} \leqslant 0 \tag{3-29}$$

由图 3-3 所示的循环 1—2—3 可导出

$$\frac{1}{2}\mathrm{d}\sigma_{ij}\,\mathrm{d}\varepsilon_{ij}^{\mathrm{d}} \geqslant 0 \tag{3-30}$$

不等式左边部分对应于图案面积 1231。要满足式(3-30)，要求

$$\varepsilon_{ij}^{\mathrm{d}} = \dot{\lambda}\frac{\partial F}{\partial \sigma_{ij}} \tag{3-31}$$

基于 Drucker 公设的正交法则式(3-31)与基于热力学的正交法则式(3-29)完全一样，这对基于 C_{ijkl} 的模型也同样适用。注意到 $\dot{\sigma}_{ij}\,\dot{C}_{ijkl}\sigma_{kl} = \sigma_{ij}\,\dot{C}_{ijkl}\,\dot{\sigma}_{kl}$，这是由于 C_{ijkl} 的对称性及 $\dot{Y}_{ijkl} = \frac{1}{2}(\dot{\sigma}_{ij}\sigma_{kl} + \sigma_{ij}\,\dot{\sigma}_{kl})$，式(3-30)可改写为

$$\begin{aligned}
\mathrm{d}\sigma_{ij}\,\mathrm{d}\varepsilon_{ij}^{\mathrm{d}} &= \mathrm{d}\sigma_{ij}\,\mathrm{d}C_{ijkl}\sigma_{kl}\\
&= \frac{1}{2}(\mathrm{d}\sigma_{ij}\,\mathrm{d}C_{ijkl}\sigma_{kl} + \sigma_{ij}\,\mathrm{d}C_{ijkl}\,\mathrm{d}\sigma_{kl}) \tag{3-32}\\
&= \mathrm{d}Y_{ijkl}\,\mathrm{d}C_{ijkl} \geqslant 0
\end{aligned}$$

故，必有

$$\dot{C}_{ijkl} = \dot{\lambda}\frac{\partial F}{\partial Y_{ijkl}} \tag{3-33}$$

与式(3-26)相同。但是，对于基于 Ω 的模型，无法得到基于 Drucker 公设的相似正交法则，即式(3-27)。即使对这个简单的模型，为了引入损伤变量就必须引入热力学。

对如下的损伤面

$$F = F(\sigma_{ij}, H) \tag{3-34}$$

$\dot{\lambda}$ 可由一致性条件 $\dot{F} = 0$ 确定，即

$$\dot{F} = \frac{\partial F}{\partial \sigma_{ij}}\dot{\sigma}_{ij} + \frac{\partial F}{\partial H}\frac{\partial H}{\partial \lambda}\dot{\lambda} = 0 \tag{3-35}$$

从而

$$\dot{\lambda} = \frac{1}{H}\frac{\partial F}{\partial \sigma_{ij}}\dot{\sigma}_{ij}; \quad h = -\frac{\partial F}{\partial H}\frac{\partial H}{\partial \lambda} \tag{3-36}$$

进而可得增量型应力-应变关系如下：

$$\dot{\varepsilon}_{ij} = C_{ijkl}^{\mathrm{ed}}\dot{\sigma}_{kl} \tag{3-37}$$

式中，C_{ijkl}^{ed} 为考虑损伤影响的切线柔度，即：

$$C_{ijkl}^{\mathrm{ed}} = C_{ijkl} + \frac{1}{h}\frac{\partial F}{\partial \sigma_{ij}}\frac{\partial F}{\partial \sigma_{kl}} \tag{3-38}$$

式中，C_{ijkl}^{ed} 类似于其塑性中的相应形式。不同的是，式(3-38)中的 C_{ijkl} 是一个变量，而在经典塑性中则是一个常量。经过计算分析，可得到 C_{ijkl} 的演化率，即

$$\dot{C}_{ijkl}\sigma_{ijkl} = \dot{\lambda}\frac{\partial F}{\partial \sigma_{ij}} \tag{3-39}$$

上式仍不能完全确定 $\dot{C}_{ijkl}$ 。Dougill 假定由应力增量引起的柔度改变与应力路径无关。通过这个假定 $\dot{C}_{ijkl}$ 可完全确定。

3.4 岩石断裂力学理论

岩石、混凝土的断裂力学是 Kapla 于 1961 年首次引入的,近年来逐步发展成为岩石和混凝土研究的一门新学科,目前这一领域的研究十分活跃。由于岩石和混凝土的断裂特性与金属材料等有较大差别,这一领域的研究还存在不少难点,如岩石、混凝土材料扩展过程区的分析,复合断裂模型研究,断裂韧度测试的尺寸效应问题等。近年来,随着细观力学和损伤力学的发展和应用,人们对传统的连续介质力学理论有进一步的认识。细观力学和损伤力学从材料的结构入手,分析材料在各种荷载因素作用下变形、破坏的机理和过程,进而得到其宏观上的力学反应和模型,已有许多学者将这一方法引入岩石、混凝土材料的断裂力学理论研究中来。

迄今为止,岩石、混凝土材料的断裂力学研究基本上沿两个途径发展:一是从宏观的力学实验出发,研究材料的断裂性能和参数,对线弹性断裂力学的局限性进行修正,提出相应的力学模型和断裂扩展准则;二是从材料细观结构出发,研究裂纹尖端过程区的变形和强度机理,从而得到材料的宏观断裂模型和准则。

3.4.1 宏观断裂力学模型研究

为了克服线弹性断裂力学直接应用于岩石类材料所遇到的困难,许多学者曾借鉴金属材料塑性断裂力学研究中的 J-积分理论、COD 理论以及 R-阻力曲线理论等建立岩石的断裂模型。由于 J-积分理论是建立在增量理论之上的,而岩石断裂区是应变软化区,J-积分理论显然有些偏差。COD 理论也很少被应用。一般认为,R-阻力曲线能反映在过程区扩展中的材料抵抗断裂的能力,是一个较为合理的参数。于骁中认为,R-阻力曲线作为断裂准则是最合理的。

针对断裂扩展过程区,至今已有许多学者提出非线性模型来修正,如:

①虚拟裂缝模型(FCM);

②钝化裂缝带模型(BCBM)等。

3.4.2 断裂过程区的细观扩展模型

宏观裂隙的尖端,在外力作用下将产生应力集中,并引起微裂隙的起裂及扩展。首先起裂的部位由其应力(所处部位)及该部位材料的强度确定,这和均匀材料仅由其应力控制不同。当某一部位起裂后,其局部应力集中加强,而其余部位由于卸载而产生应力减小。因而,首先起裂的部位更容易发生起裂及扩展。另外,由于微裂隙分布的随机性,当首先起裂部位的裂隙受到强度较大的材料结构阻止时,它将改变方向,或者可能在其他部位发生起裂及扩展。这一过程反复进行,形成的断裂过程区呈现出既有分叉,又有扩展主方向的裂隙网络。当扩展到临界状态时,便会发生宏观裂隙的扩展。

上述定性描述说明了微裂隙过程区扩展的复杂性。下面将具体分析材料中的微裂隙对其力学性能的影响。

假定有一长为 L 的平面试件,其中间有一长为 a 的微裂隙 $a \ll L$,远场作用有拉应力 σ_∞(图 3-5)。设无缺陷时材料的强度和弹性模量分别为 σ_0 及 E_0,则根据弹性力学理论,Duxbury 推导出微裂隙 a 存在时此试件的强度 $\sigma_c(a)$ 及等效弹性模量 $E(a)$ 分别为

$$E(a)/E_0 \sim 1 - O(1/L^2) \tag{3-40}$$

$$\sigma_c(a)/\sigma_0 \sim (k/a)^{1/2} \tag{3-41}$$

式中　k——微裂隙尖端的曲率半径。

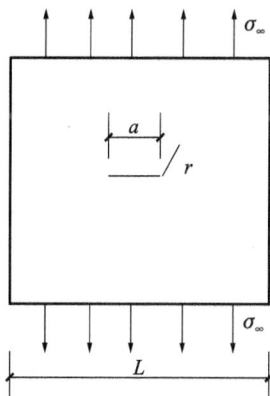

图 3-5　单一微裂隙的影响

这两式说明,比起变形性能而言,材料的强度性能受微裂隙缺陷的影响更大。这也说明建立在变形等效基础之上的损伤力学对材料破坏前阶段的应力和变形能得到较好的描述,但对于材料破坏过程的描述,如损伤的演化问题等,则遇到很大困难。迄今为止,许多专家提出的损伤扩展理论公式都是经验性的。

根据 Duxbury 提出的矩谱分析模型,图 3-5 中微裂隙尖端应力场的分布上为

$$\sigma(r)/\sigma_\infty \sim \begin{cases} 1 + \alpha_{2m}/r^2, & r > a \\ C_{1m} + C_{2m}(a/2r)^{1/2}, & k < r < a \\ b_{1m} + b_{2m}(a/2k)^{1/2}, & r < k \end{cases} \tag{3-42}$$

式中，$\sigma(r)$ 为距缝尖 r 处的应力，α_{2m}、C_{1m}、C_{2m}、b_{1m} 和 b_{2m} 都是和试件形状、尺寸有关的常数，其中 $r < k$、$k < r < a$、$r > a$ 区是相应于弹塑性断裂力学中的塑性区、K 主导区及非奇异区。

定义应力场 $\sigma(r)$ 的 m 次矩为

$$\sigma_m = \sigma_\infty / <\sigma(r)^m>^{1/m} = \sigma_\infty / \left(\int p(\sigma)\sigma^m d\sigma \right)^{1/m} \tag{3-43}$$

式中，$<\ >$ 符号表示均值；$p(\sigma)$ 为 σ 的分布密度函数。从上式可以看出，σ_m 是应力分布 $\sigma(r)$ 的另一种表现形式。当 $m = 1$ 时，σ_m 为 $\sigma_\infty \sqrt{\bar{\sigma}}$，$\bar{\sigma}$ 为平均应力；当 $m \to \infty$ 时，$\sigma_m \to \sigma_\infty / \sigma_{max}$。

Duxbury 对力矩谱 σ_m 进行了推导，由式（3-42）及式（3-43）得

$$\sigma_m \approx \sigma_\infty / <\sigma(r)^m>$$

$$= \frac{\sigma_\infty^m}{S} \left\{ \int_{r>a} r\,dr(1 + \alpha_{2m}/r)^m + \int_{k<r<a} r\,dr[C_{1m} + C_{2m}(a/2r)^{1/2}]^m + \right.$$

$$\left. \int_{r<k} r\,dr[b_{1m} + b_{2m}(a/2k)^{1/2}]^m \right\} \tag{3-44}$$

式中，S 为试件的面积，即

$$S = \int_{r>a} r\,dr + \int_{k<r<a} r\,dr + \int_{r<k} r\,dr \tag{3-45}$$

对式（3-44）进行近似积分，并保留最奇异次，可得到

$$\sigma_m \sim 1/[1 + mO(1/S) + (a/2k)^{m/2}k^2/s]^{1/m} \tag{3-46}$$

根据上式最后一项的奇异性，可得

$$\sigma_m \sim \begin{cases} 1 - O(1/S), & m \ll m_c \\ (2k/a)^{1/2}, & m \gg m_c \end{cases} \tag{3-47}$$

其中，m_c 由下式确定：

$$m_c \sim 2\ln(S/k^2)/\ln(S/2k) \tag{3-48}$$

试件的等效弹性模量由应力场 $\sigma(r)$ 的净矩确定，而它的强度则由最大应力 $\left(当 m \to \infty 时，\sigma_m \to \dfrac{\sigma_\infty}{\sigma_{max}}\right)$ 确定，由式（3-47）可直接推导出式（3-40）、式（3-41）。

应力场 $\sigma(r)$ 的矩 σ_m 是描述材料内应力分布 $\sigma(r)$ 的另一种形式，它很好地说明了微裂隙存在时材料的各种力学性能受其影响的程度。特别是对岩石、混凝土材料而言，其断裂过程区由应力场和材料的细观构造共同确定，对应力场矩 σ_m 的进一步研究很可能会得到有意义的结果。

(1)材料断裂的细观扩展模型。

目前针对细观断裂这一问题,多数研究者采用的方法可归纳如下。

①平均场方法。

将材料宏观上视为等效均质体,不考虑具体单个细观构造,如微裂隙、微孔洞等对材料局部性能的影响。只认为其影响仅仅体现在材料平均化的力学性能参数上,如裂隙岩体渗流问题中求"代表性体积"的等效渗透张量及弹性理论中的"自洽理论"等处理方法均属于此类。

理论和实践均表明,这一方法只有在以下条件下适用:

a.缺陷对周围介质的作用范围小;

b.缺陷对所研究的材料性状影响不大;

c.高维空间的问题,例如微裂隙对杆件强度的影响要大大超过其对板和块体结构强度的影响。

这就表明,对开裂问题而言,由于其受局部应力的控制,材料中的缺陷,尤其是微裂隙会造成局部应力集中,引起开裂和扩展,起裂后又进一步加重开裂问题。因此,平均场方法不适用于研究微裂隙等扩展破坏类问题。

②局部模拟方法。

通过准确地描述材料细观结构及其相互作用,如弹性、塑性、黏性及断裂特性等,然后通过数值计算或者理论分析研究细观上构造的作用。这一方法起源于分子动力学的研究。如果对细观结构及其作用有准确的描述,这种方法能得到很好的结果。然而,这种方法需要大量的数值计算工作,对岩石、混凝土的开裂问题而言,如果采用这种方法,其计算量将是不可想象的。

③重正化方法。

这种理论来源于统计物理学理论,是在 1971 年提出的。该理论的创立使 Wilson 本人获得了诺贝尔物理学奖。它用于描述自然界中一些物理现象在临界点附近所表现出的尺度不变的性能,即随着观测尺度的变化,某一特性表现出完全一致的性质。因此,这种理论看来比较适合于研究从细观性能到宏观性能方面的问题。

从上述的分析可以看出研究非均质材料开裂问题的复杂性。目前大多数学者都是采用一些近似的方法,对问题进行简化。为了说明问题,先从 Batdorf 等人提出的纤维杆受拉破坏的简单例子着手分析。

假定一长为 L 的纤维杆由 N 个纤维丝黏结组成,各个纤维丝的力学性能不同(细观上均质),相互间有黏结力作用,如图 3-6 所示。假定各纤维丝的抗拉强度符合 Weibull 二参数模型,即

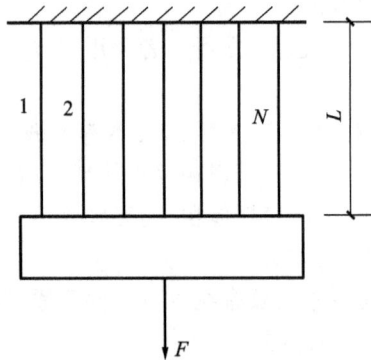

图 3-6　纤维杆受拉模型

$1,2,\cdots,N$——纤维丝的数量

$$P_f = 1 - \exp\left[-L\left(\frac{\sigma}{\sigma_0}\right)^a\right] \tag{3-49}$$

式中　P_f——拉应力为 σ 时纤维丝的拉断概率；

　　　　a,σ_0——Weibull 模量；

　　　　σ——纤维承受的拉应力。

当外力 $F = N\sigma A_0$（A_0 为单个纤维丝截面面积）时，单个纤维丝被拉断的个数可简化得到

$$n_1 = P_f N = N\left\{1 - \exp\left[-L\left(\frac{\sigma}{\sigma_0}\right)^a\right]\right\} \tag{3-50}$$

对非均质纤维材料，应力 σ 较小时就可能发生个别纤维丝的拉断，即在式（3-50）中指数项系数 $L\left(\frac{\sigma}{\sigma_0}\right)^a$ 较小时发生单个纤维丝拉裂，因而式（3-50）可按泰勒级数展开简化为

$$n_1 = N\left\{1 - \left[1 - L\left(\frac{\sigma}{\sigma_0}\right)^a + \frac{1}{2!}L^2\left(\frac{\sigma}{\sigma_0}\right)^{2a} + \cdots\right]\right\} \cong NL\left(\frac{\sigma}{\sigma_0}\right)^a \tag{3-51}$$

由于某一纤维丝被拉断，形成单个孔洞，其四周将产生局部应力集中，很可能导致相邻的纤维丝拉断。设周边处应力集中系数为 C_1，参照式（3-51），则形成的相邻两个纤维丝拉断的个数为

$$n_2 \cong n_1 k_1 \lambda_1 \left(\frac{C_1\sigma}{\sigma_0}\right)^a \tag{3-52}$$

式中　k_1——一个纤维丝周相邻的纤维个数；

　　　　λ_1——由于各纤维间黏结力作用而产生的应力集中段长度。

同理，对这一由 N 个纤维丝黏结形成的结构，其内部由 i 个相邻纤维丝拉断而

形成的破裂元个数为

$$n_i \cong n_{i-1} k_{i-1} \lambda_{i-1} \left(\frac{C_{i-1}\sigma}{\sigma_0} \right)^a \tag{3-53}$$

则该纤维结构发生宏观拉断的条件为

$$\sigma_f = \frac{\sigma_0}{C_1} \left(\frac{1}{k_i \lambda_i} \right)^{1/a} \tag{3-54}$$

由以上分析得出,在载荷 F 作用下纤维杆内纤维丝断裂过程,据此可得到其宏观的力学强度和本构关系。

(2)细观开裂准则。

Giffith 在研究含有微裂隙的材料理论强度时,也认为材料的破坏由裂隙尖端最大拉伸应力确定。假定材料内部存在随机分布的裂隙,各裂隙可视为大小相等、形状相似的扁平椭圆,且互不相干,则由此得到二维 Giffith 准则为

$$\begin{cases} (\sigma_1 - \sigma_3)^2 = 8T_0(\sigma_1 + \sigma_3), & \sigma_1 + 3\sigma_3 \geqslant 0 \\ \sigma_3 = -T_0, & \sigma_1 + 3\sigma_3 < 0 \end{cases} \tag{3-55}$$

Murrel 在 1963 年将 Giffith 准则逻辑地推广到三维,得到如下表达式:

$$(\sigma_1 - \sigma_2)^2 + (\sigma_2 - \sigma_3)^2 + (\sigma_1 - \sigma_3)^2 = 24T_0(\sigma_1 + \sigma_2 + \sigma_3) \tag{3-56}$$

式中 $\sigma_1, \sigma_2, \sigma_3$ ——主应力;

     T_0 ——材料的单轴抗拉强度。

由式(3-56)推导出材料的单轴抗压强度是抗拉强度的 12 倍。这一数值和一般的岩石、混凝土材料试验值相当,这证明了 Giffith 假定的正确性。

基于上述细观分析和 Giffith 准则的正确性,在本模型中,我们假定,材料的细观起裂及扩展由局部拉应力决定,当某处最大拉应力大于或者等于该处细观结构的强度时,微裂隙起裂扩展。细观上的本构关系表现为弱脆性,如图 3-7 所示。

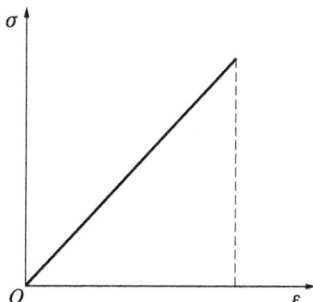

图 3-7   细观结构本构关系

根据上述细观开裂准则,某一细观结构开裂时其应变能全部转换为断裂耗散能,则当有 n 个细观结构开裂时断裂耗散能 W 为

$$W = \sum_{k=1}^{n} W_k = \sum_{k=1}^{n} \frac{1}{2}\sigma_{ij}\varepsilon_{ij} = \sum_{k=1}^{n} \frac{1}{2E_k}\left[(1+v_k)\varepsilon_{ij} - v_k\sigma_{ii}\varepsilon_{jj}\right] \quad (3\text{-}57)$$

式中　E_k, v_k ——第 k 个开裂细观结构的弹性模量和泊松比；

　　　σ_{ij} ——此细观结构开裂时的应力张量。

3.5　岩石爆破损伤断裂机理

岩石爆破损伤断裂过程就是在炸药作用下微裂纹的成核、扩展的损伤演化过程。微裂纹的扩展过程和岩石中的天然裂纹的分布有一定的联系，为了得出岩石爆破断裂机理，应用损伤变量 D、裂纹分布 C_d 和岩石动态本构关系对其进行研究分析。

3.5.1　爆破过程的损伤演化假设

众所周知，岩石作为一种长期地质作用的产物，不可避免地含有许多宏观或者细观的缺陷（或称为损伤）。正是这种天然缺陷的存在，才使得在有限炮孔爆炸作用下产生符合一定分布规律的破碎块度，若在均匀材料中作用同样的荷载，无论如何也不会得到如此分布的破碎块度。用素混凝土模拟岩石进行爆破试验的结果就是很好的证明。原因可归结为岩石中的损伤包含许多张开型裂纹，在冲击荷载作用下，这些裂纹得到了扩展贯通。由此可见，岩石的原始损伤参量在爆破初期不能取零，而应该根据裂纹统计结果取适当的值作为损伤演化的基础。

岩石中含有裂纹及其缺陷对于爆炸应力波的作用有两种效应：一是降低了材料等效模量，使材料抵抗破坏的能力降低；二是增加了材料损伤能量的耗散率，削弱了应力波的作用。这从实质上反映了损伤的存在和发展既有促进岩石破坏（提供了裂纹源），又有阻碍岩石破坏（耗散能量起屏障作用）的双重作用。

3.5.2　岩石在爆炸作用下细观损伤模型

根据弹性纵波波速和弹性模量的关系及损伤的定义，可以得到损伤变量与波速的关系为

$$D = 1 - \left(\frac{C_p}{C_0}\right)^2 \quad (3\text{-}58)$$

式中　C_p, C_0 ——受损伤岩石及未受损伤岩石的声速。

将以上定义的损伤变量代入线弹性应力应变关系中去，得到体积拉伸状态下的岩石动态本构关系：

$$\begin{cases} P = 3k(1-D)\varepsilon \\ S_{ij} = 2G(1-D)e_{ij} \end{cases} \tag{3-59}$$

式中　P——体应力；

　　　ε——体应变；

　　　S_{ij}——偏应力；

　　　e_{ij}——应变偏量；

　　　k——体积模量；

　　　G——剪切模量。

将式(3-58)代入式(3-59)，得到

$$\begin{cases} P = 3k\left(\dfrac{C_p}{C_0}\right)^2\varepsilon \\ S_{ij} = 2G\left(\dfrac{C_p}{C_0}\right)^2 e_{ij} \end{cases} \tag{3-60}$$

上式即为岩石爆破细观损伤模型。体积压缩部分的岩石本构关系可由经典的弹塑性模型来描述。

3.6　小　　结

本章主要分析了岩石的破坏类型、损伤和断裂的关系、损伤和塑性的关系、脆性材料模型的损伤演化方程及在爆破理论和断裂损伤力学基础上的岩石破碎损伤模型，并尝试运用爆破前后的波速大小和岩石动态本构关系推导岩石爆破细观损伤模型。

4 复合型切缝药包定向断裂机理分析

4.1 引　言

为了研究复合型切缝药包在爆炸瞬间对岩石作用的力学特性,本章从理论方面对复合型切缝药包进行分析,通过理论推导得出复合型切缝药包在切缝方向和非切缝方向的应力场大小,通过对比分析得出在切缝方向的应力大于非切缝方向的应力;根据岩石爆破理论和莫尔-库仑定律,推导出了复合型切缝药包爆破成缝理论,导向裂缝的形成机理,裂缝扩展的方向和扩展的长度;研究复合型切缝药包采用水耦合介质爆炸的初始冲击波参数和准静态应力场的计算方法,并对比分析了空气耦合和水耦合准静态应力场的大小,得出水耦合装药孔壁压力衰减慢、准静态压力高等特点。

4.2　复合型切缝药包定向断裂爆炸力学模型分析

4.2.1　复合型切缝药包爆炸应力场力学分析

根据岩石爆破理论,在无限大岩体中爆破时,岩体内部将产生爆炸冲击波作用下的压碎区,爆炸应力波和爆生气体作用下的破裂区,以及具有地震效应的震动区。由于冲击波在震动区已经衰减得很弱,只能使质点产生振动,不能引起岩石结构的破坏,因此,重点研究爆破对压碎区和破裂区对岩石孔隙结构的影响。而压碎区和破裂区的计算理论依据各不相同,本书拟采用弹性力学知识和塑性力学知识对爆炸引起的弹性区和塑性区分别进行力学分析。由于爆炸冲击荷载较大,岩石从内壁开始产生塑性变形,然后过渡到弹性区域。

4.2.1.1　弹性区应力场力学分析

封闭在炮孔内的爆生气体以准静压的形式作用于炮孔孔壁,形成岩石中的准静态应力场,其应力状态类似于厚壁圆筒的应力状态,因此可以用弹性力学的厚壁圆筒理论求解岩石中的应力状态。下面对爆生气体准静压作用下岩石应力场进行力学分析,此区域可以简化为受均布荷载和切缝方向受集中荷载两种受力状态,简化力学模型见图 4-1。

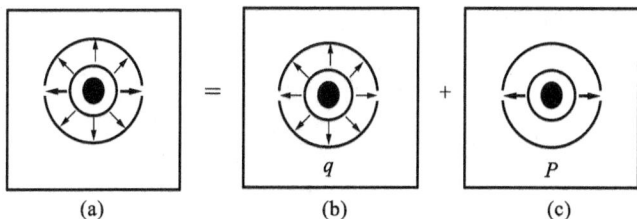

图 4-1　切缝药包爆炸简化力学模型

(1)受均布荷载作用。

爆生气体准静压作用下岩石受均布荷载简化力学模型,见图 4-1(b)。根据弹性力学知识,可得轴对称应力函数 φ 的极坐标表达式为

$$\varphi = A\ln r + Br^2\ln r + Cr^2 + D \tag{4-1}$$

其中 A,B,C,D 是任意常数。

应力分量:

$$\begin{cases} \sigma_r = \dfrac{1}{r}\dfrac{\mathrm{d}\varphi}{\mathrm{d}r} = \dfrac{A}{r^2} + B(1+2\ln r) + 2C \\[2mm] \sigma_\theta = \dfrac{\mathrm{d}^2\varphi}{\mathrm{d}r^2} = -\dfrac{A}{r^2} + B(3+2\ln r) + 2C \\[2mm] \tau_{r\theta} = \tau_{\theta r} = 0 \end{cases} \tag{4-2}$$

根据位移单值条件,边界条件 $(\sigma_r)_{r=r'} = -q$,$(\sigma_r)_{r\to\infty} = 0$,可得

$$A = -q(r')^2, \quad C = 0, \quad B = 0 \tag{4-3}$$

综合以上可得应力分量为

$$\begin{cases} \sigma_r = -\dfrac{q(r')^2}{r^2} \\[2mm] \sigma_\theta = \dfrac{q(r')^2}{r^2} \\[2mm] \tau_{r\theta} = \tau_{\theta r} = 0 \end{cases} \tag{4-4}$$

(2)受集中荷载作用。

爆生气体准静压作用下岩石受集中荷载简化力学模型,见图 4-1(c)。近似认为岩石在切缝方向受集中力,所受集中力增量设为 P,由弹性力学知识可知,岩石在边界上受集中力应力函数 φ 的极坐标表达式为

$$\varphi = r\theta(C\cos\theta + D\sin\theta) \tag{4-5}$$

可得应力分量

$$
\begin{cases}
\sigma_r = \dfrac{1}{r}\dfrac{\partial\varphi}{\partial r} + \dfrac{1}{r^2}\dfrac{\partial^2\varphi}{\partial\theta^2} = \dfrac{2}{r}(D\cos\theta - C\sin\theta) \\[2mm]
\sigma_\theta = \dfrac{\partial^2\varphi}{\partial r^2} = 0 \\[2mm]
\tau_{r\theta} = \tau_{\theta r} = -\dfrac{\partial}{\partial r}\left(\dfrac{1}{r}\dfrac{\partial\varphi}{\partial r}\right) = 0
\end{cases} \tag{4-6}
$$

根据力的平衡条件,解得

$$
D = -\dfrac{P}{\pi}, \quad C = 0, \quad
\begin{cases}
\sigma_r = -\dfrac{2P\cos\theta}{\pi r} \\[2mm]
\sigma_\theta = 0 \\[2mm]
\tau_{r\theta} = \tau_{\theta r} = 0
\end{cases} \tag{4-7}
$$

综合式(4-4)、式(4-7)可得总应力分量

$$
\begin{cases}
\sigma_r = -\left[\dfrac{2P\cos\theta}{\pi r} + \dfrac{q(r')^2}{r^2}\right] \\[2mm]
\sigma_\theta = \dfrac{q(r')^2}{r^2} \\[2mm]
\tau_{r\theta} = \tau_{\theta r} = 0
\end{cases} \tag{4-8}
$$

由径向正应力表达式可知,当 $\theta = 0$ 时,$\sigma_{r\max} = -\left[\dfrac{2P}{\pi r} + \dfrac{q(r')^2}{r^2}\right]$,此时最大径向正应力发生在切缝方向。

4.2.1.2 塑性区应力场力学分析

当药包在炮孔中爆炸时,塑性区可近似看作受内压为 q' 作用的厚壁圆筒,其内径为 a(即为炮孔半径)。

首先,分析塑性区应力场情况,把材料看作不可压缩的,即 $\varepsilon_m = 0$,厚壁圆筒处于平面应变状态,有 $\varepsilon_z = 0$,则由全量本构方程

$$\sigma_z - \sigma_m = \dfrac{2\bar{\sigma}}{3\bar{\varepsilon}}(\varepsilon_z - \varepsilon_m) \tag{4-9}$$

得出:

$$\sigma_z = \dfrac{1}{2}(\sigma_r + \sigma_\theta) \tag{4-10}$$

又根据等效应力

$$\bar{\sigma} \equiv \sqrt{3J_2'} = \dfrac{1}{\sqrt{2}}\sqrt{(\sigma_1 - \sigma_2)^2 + (\sigma_2 - \sigma_3)^2 + (\sigma_3 - \sigma_1)^2} \tag{4-11}$$

得出：

$$\bar{\sigma} = \frac{\sqrt{3}}{2}\sqrt{(\sigma_r - \sigma_\theta)^2} = \frac{\sqrt{3}}{2}(\sigma_\theta - \sigma_r) \tag{4-12}$$

根据筒的受力性质，σ_θ 为拉应力，σ_r 为压应力，在计算时取 $\sigma_\theta - \sigma_r$，以便 $\bar{\sigma}$ 取得正值。

在塑性区，无强化的理想塑性材料处于屈服状态，若采用 Mises 屈服条件，则由式(4-12)得：

$$\sigma_\theta - \sigma_r = \frac{2}{\sqrt{3}}\sigma_s \tag{4-13}$$

根据平面轴对称问题，平衡方程为：

$$\frac{d\sigma_r}{dr} + \frac{\sigma_\theta - \sigma_r}{r} = 0 \tag{4-14}$$

计算式(4-13)、式(4-14)，得到：

$$d\sigma_r = \frac{2}{\sqrt{3}}\sigma_s \frac{dr}{r} \tag{4-15}$$

经过积分得到：

$$\sigma_r = \frac{2}{\sqrt{3}}\sigma_s \ln r + C \tag{4-16}$$

又由于 $\sigma_r|_{r=a} = -q'$，因此 $C = -q' - \frac{2}{\sqrt{3}}\sigma_s \ln a$，代入式(4-16)，最后得到塑性区的应力如下。

①非切缝方向。

$$\begin{cases} \sigma_r = \dfrac{2}{\sqrt{3}}\sigma_s \ln \dfrac{r}{a} - q' \\[2mm] \sigma_\theta = \dfrac{2}{\sqrt{3}}\sigma_s \left(1 + \ln \dfrac{r}{a}\right) - q' \\[2mm] \sigma_z = \dfrac{2}{\sqrt{3}}\sigma_s \left(\dfrac{1}{2} + \ln \dfrac{r}{a}\right) - q' \end{cases} \tag{4-17}$$

②切缝方向（根据力的叠加原理）。

$$\begin{cases} \sigma_r = \dfrac{2}{\sqrt{3}}\sigma_s \ln \dfrac{r}{a} - q' - \dfrac{2P}{\pi a} \\[2mm] \sigma_\theta = \dfrac{2}{\sqrt{3}}\sigma_s \left(1 + \ln \dfrac{r}{a}\right) - q' - \dfrac{2P}{\pi a} \\[2mm] \sigma_z = \dfrac{2}{\sqrt{3}}\sigma_s \left(\dfrac{1}{2} + \ln \dfrac{r}{a}\right) - q' - \dfrac{2P}{\pi a} \end{cases} \tag{4-18}$$

对比塑性区切缝方向和非切缝方向的应力大小，得出在切缝方向的应力高于非切缝方向的应力。

4.2.2 复合型切缝药包爆炸成缝机理

（1）裂缝形成力学分析。

切缝药包定向断裂控制爆破在爆炸瞬间，切缝处岩石受到的压应力最大，并且在这一微小区域上还出现了压应力差。因此，岩石在定向方向上发生断裂破坏。取这一区域内的任一单元体进行分析。单元体在图 4-2 所示的应力状态下可以形成径向剪应力的剪断破坏，则压力差所形成的剪应力为

$$\tau = p_1 - p_2 \tag{4-19}$$

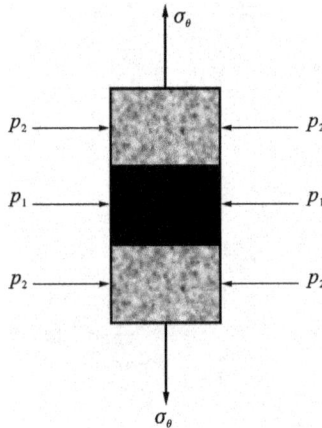

图 4-2　单元力学模型

对于炮孔柱状装药，炸药在水中激起冲击波压力变化为：

$$P = 72.0\,\overline{R}^{-0.72} \tag{4-20}$$

式中　　P——距爆源中心 R 处的水中冲击波压力峰值；

　　　　$\overline{R}$——比例距离，其值为 $\overline{R} = \dfrac{R}{\sqrt{Q_c}}$；

　　　　Q_c——所用炸药的 TNT 当量，kg/m，$Q_c = \pi d_c^2 \rho_0 / 4$；

　　　　d_c——药包直径。

当冲击波在切缝方向传播至炮孔壁时，其峰值压力为：

$$p_1 = 72\left(\frac{d_c}{d_b}\right)^{0.72}\left(\frac{Q_{vt}}{\pi \rho_0 Q_{vs}}\right)^{0.36} \tag{4-21}$$

式中　　p_1——切缝处炮孔壁压力，MPa；

　　　　d_b——炮孔直径，mm；

Q_{vs}，Q_{vt}——所用炸药的爆热和 TNT 炸药的爆热。

根据波的反射折射理论,可求得在复合型切缝药包装药结构下非切缝处冲击波经过两层 PVC 管后,传播到炮孔壁时的峰值压力为:

$$p_2 = \left(\frac{2\rho_p C_p}{\rho_p C_p + \rho_0 D_0}\right)^2 \cdot p_1 \qquad (4\text{-}22)$$

而在常规药包(为了计算方便,认为 PVC 与炸药耦合和 PVC 与炮孔耦合的折射系数相同)非切缝处冲击波经过一层 PVC 管后,传播到炮孔壁时的峰值压力为:

$$p_2' = \frac{2\rho_p C_p}{\rho_p C_p + \rho_0 D_0} \cdot p_1 \qquad (4\text{-}23)$$

式中　p_2——非切缝处炮孔壁压力,MPa;

ρ_0——炸药密度,1630kg/m³;

D_0——炸药爆速,6500m/s;

ρ_p——PVC 管密度,1300kg/m³;

C_p——PVC 管纵波速度,3450m/s。

把参数代入,经计算可得复合型切缝药包与常规药包爆炸产生的剪应力之比为:

$$\frac{\tau_{\text{复}}}{\tau_{\text{常}}} = \frac{0.65p_1}{0.41p_1} = 1.59 \qquad (4\text{-}24)$$

由库仑定律得到岩石在定向方向形成剪切破坏的条件为:

$$\tau > S_{td} = \sigma_\theta \tan\varphi + c \qquad (4\text{-}25)$$

式中　S_{td}——岩石动态剪切强度,MPa;

c——岩石动态黏聚力,MPa;

φ——岩石动态内摩擦角。

由环向应力与径向应力的关系:

$$\sigma_\theta = \mu p/(1-\mu) \qquad (4\text{-}26)$$

将式(4-26)代入式(4-25)可以得到在炮孔壁上形成剪裂裂纹时的孔壁压力的条件:

$$P > (1-\mu)(c-\tau)/\mu\tan\varphi \qquad (4\text{-}27)$$

岩石在炮孔壁上形成拉断破坏的条件为:

$$\sigma_\theta > S_{td} \qquad (4\text{-}28)$$

将式(4-26)代入式(4-28)可以得到在炮孔壁上形成拉裂裂纹时的孔壁压力的条件:

$$P > (1-\mu)S_{td}/\mu \qquad (4\text{-}29)$$

(2)初始导向裂缝的形成。

岩石在爆炸产物的作用下的破坏,受切缝宽度的限制,首先高压水射流尖端作用于炮孔壁面,然后爆炸产物作用到整个宽度为 B 的炮孔壁面。将爆炸产物看作一个侵入岩石的压头,由于受到高压爆炸产物直接冲击作用,在宽度为 B 的炮孔壁处的岩石首先形成密实核,在接触面的边界处,沿径向产生拉应力。在高压爆炸产物的继续作用下,密实核与邻近岩石间发生局部滑移,以及与径向拉应力的共同作用,在炮孔壁面上形成初始导向裂缝。

炸药爆轰产物流作用下形成的岩石定向断裂导向裂缝长度 a,根据莫尔-库仑强度准则,岩石密实核两侧剪切滑移面之间的夹角 δ 为

$$\delta = \frac{\pi}{2} - \varphi \tag{4-30}$$

式中　　φ——岩石的内摩擦角。

根据图 4-3 所示的几何关系,定向断裂导向裂缝长度 a 为

$$a = \frac{B}{2}\cot\frac{\delta}{2} \tag{4-31}$$

式中　　B——聚能射流宽度。

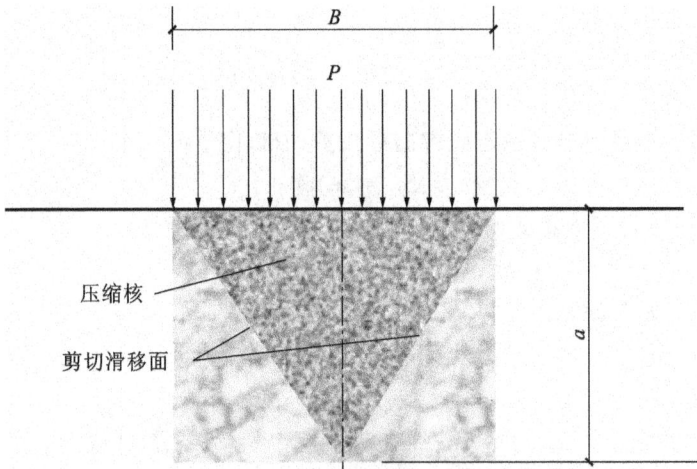

图 4-3　定向裂缝开裂力学模型

(3)裂缝扩展力学分析。

当炮孔壁形成后,岩石内部应力发生变化。同时,岩石裂缝扩展不是简单的拉断或剪断,而是在复杂应力作用下的张开型脆性断裂破坏。

根据岩石断裂力学理论,裂缝扩展过程中其尖端应力强度为

$$K_I = pF\sqrt{\pi(r_b + a)} \tag{4-32}$$

式中　　p——裂缝中的准静态压力,GPa;

a —— 开裂缝长度,mm;

r_b —— 炮孔半径,mm;

F —— 应力强度因子修正系数。

当 $K_I \geqslant K_{IC}$ 时,裂缝就能起裂及扩展。此时,准静态压力 p 应满足

$$p \geqslant \frac{K_{IC}}{F \sqrt{\pi(r_b + a_0)}} \tag{4-33}$$

式中 a_0 —— 初始裂缝的长度,mm;

K_{IC} —— 起裂判据。

(4)裂纹扩展的方向性。

对岩体这种准脆性介质而言,它只能发生拉断和剪切两种形式的断裂破坏。当炮孔壁开裂之后,岩体内部的应力分布也随之发生变化,同时岩体内切割裂纹的扩展所造成的岩体破坏已不再是简单的拉断或剪断,而是在复杂应力作用下的 I 型准脆性断裂破坏,从而有裂纹尖端附近的应力场以极坐标形式的环向拉应力:

$$\sigma_\theta = \frac{K_I}{2 \sqrt{2\pi r}} (1 + \cos\theta)\cos\frac{\theta}{2} \tag{4-34}$$

裂纹的扩展可由最大拉应力准则来讨论。最大拉应力准则的基本条件是:

①裂纹沿环向拉应力 σ_θ 取得极大值的方向扩展;

②当此方向的拉应力达到临界断裂值时,裂纹失稳扩展。

基于上述基本条件,可按式(4-35)

$$\frac{\mathrm{d}\sigma_\theta}{\mathrm{d}\theta} = 0 \tag{4-35}$$

确定裂纹扩展方向的与开裂方向的夹角,将式(4-34)代入式(4-35),求导得 $\theta = 0$ 或 π,则裂纹扩展方向和开裂方向一致。

(5)裂纹扩展长度。

下面从分形几何学理论和岩石断裂力学理论两方面分析定向断裂控制爆破裂缝扩展的力学原理。

根据岩石断裂几何学,不同尺度的岩石断裂都是分数维。对于脆性材料,单位厚度平滑裂缝扩展单位长度释放能量为

$$G_c = 2\gamma_s \tag{4-36}$$

式中 γ_s —— 断裂面单位宏观量度面积的表面能。

由于岩石断裂是分形,实际断裂面大于表面断裂面,根据分形几何理论,可导出在分形条件下的能量释放率:

$$G_c = 2\gamma_s \left(\frac{\delta}{l}\right)^{1-d} \tag{4-37}$$

式中　δ ——分形量测长度,m;

　　　l ——可取为单位长度,m;

　　　d ——断裂面的分数维。

爆破断裂面的不平整度越大,分形维数越高,断裂所释放的能量也就越高。因此,对于同一种岩石,如果两种爆破方法产生的断裂面所对应的分形维数分别是 d_1、d_2,则由式(4-36)、式(4-37)得:

$$\frac{G_{c1}}{G_{c2}} = \left(\frac{\delta}{l}\right)^{d_2-d_1} \tag{4-38}$$

断裂所需要的总能量为:

$$G = G_c \cdot A \tag{4-39}$$

式中,A 为断裂面的表面积,对于两种爆破方法,分别有

$$G_1 = G_{1c} \cdot A_1 \tag{4-40}$$

$$G_2 = G_{2c} \cdot A_2 \tag{4-41}$$

在相同的爆破条件下,两种爆破方法所产生的爆炸总能量是近似相等的,因此

$$G_{1c} \cdot A_1 = G_{2c} \cdot A_2 \tag{4-42}$$

$$\frac{S_1}{S_2} = \frac{A_1}{A_2} = \frac{G_{2c}}{G_{1c}} = \left(\frac{\delta}{l}\right)^{d_2-d_1} \tag{4-43}$$

式中　S_1,S_2 ——两种爆破方法对应的裂缝扩展长度。

根据上式可以看出,在定向断裂控制爆破过程中,不平整度越小,眼痕率越高,所对应的分形维数越小,因此对于相同的爆破条件裂缝扩展的长度越长。

4.3　水耦合炮孔爆炸力学分析

随着控制爆破技术的广泛应用,许多工程中涉及高含水控制爆破的问题。如井巷工程中含水孔和水下码头建设中的光面爆破、预裂爆破和定向断裂控制爆破。解决此类问题,最经济的办法是采用水作为耦合介质实施控制爆破。但是在水耦合装药时,其在炸药爆炸后力学特性有别于空气耦合介质,水的性质和空气有很大的不同,所以两种耦合装药结构的特点有很大的差别。

4.3.1　水压爆破的原理和特点

水压爆破就是将炸药包装置在受到约束的有限的水域中(如炮孔中),当炸药包爆炸时利用水来传递爆炸能量和压强。由于液体的不可压缩性,水具有缓冲和均匀传递压强的作用,能够使压强比较平缓而均匀地作用在周围的介质上,使介质

得到比较均匀的破坏,并大大降低爆破的有害效应。

缓冲爆破中经常采用空气和水作为缓冲介质,但是水和空气是两个性质截然不同的介质,所以它们在炮孔中的作用有相当大的差异。

(1)因为水是液体,具有不可压缩性,所以水作为耦合介质时消耗在水介质变形上的能量很少;而空气是气体,具有很高的压缩比,当以空气作为耦合介质时,炸药能量的很大一部分会消耗在空气的压缩变形上,从而降低炸药的利用率。由此可见,水耦合爆破时,非破岩损失的爆炸能量要比在空气耦合中低得多,也就是说,水耦合爆破时炸药的能量传递效率要比空气耦合中高得多,从而可以有效地减少装药消耗,降低工程造价。

(2)水的密度要比空气大,故纵波在水中传播的阻抗值要比空气中大,水和岩石的波阻抗匹配性要比空气好(表4-1)。根据爆破原理,介质的波阻抗值和岩石的匹配性越好(数值越相近),则传递给岩石的爆炸能量越多,从而引发的岩石应变也就越大。这也说明为什么在水中炸药的利用率要比在空气中高很多。

表4-1　　　　　　　　　　水和空气以及部分岩石的波阻抗值

材料名称	密度/(g/cm³)	纵波速度/(m/s)	波阻抗/(kg/cm² · s)
空气	0.0012	330	0.0396
水	1	1500	150
花岗岩	2.6～3.0	4000～6800	800～1900
玄武岩	2.7～2.86	4500～7000	1400～2000
石灰岩	2.3～2.8	3200～5500	700～1900
石英岩	2.65～2.9	5000～6500	1100～1900
片麻岩	2.5～2.8	5500～6000	1400～1700
白云岩	2.3～2.8	5200～6700	1200～1900
辉绿岩	2.85～3.05	4700～7500	1800～2300

(3)因为水的密度大,具有不可压缩性,炸药在水中爆炸后的气体产物的膨胀速度要比在空气中慢得多;根据帕斯卡原理,水能够把压强更加均匀、缓和地作用在周围的介质上。水耦合对炮孔压力的均匀、缓和作用,降低了炮孔周围的过粉碎现象(全耦合中很常见),使炸药能量的利用更加均匀、合理。水耦合爆破对围岩的破坏相比全耦合有很大的改善,使围岩或预留岩面的完整性、稳定性都比较好。

(4)水和空气一样对爆炸具有一定的缓和作用。水耦合爆破中,水的均匀、缓和作用以及炸药消耗量低(能量利用率高)的特点,使爆破产生的公害——爆震、空气冲击波、噪声、飞石等相比在空气中有很大的改善。

水耦合爆破和普通的以空气为耦合介质的爆破相比较,在介质的破碎机理上并没有很大的差别,但由于水和空气两种介质的物理性质有很大的差异,反映到爆破作用特征上也有十分明显的区别。北京科技大学的爆破工程研究室用水泥砂浆作为模型,在相同条件下对空气和水两种耦合介质进行了对比实验,实验表明:

(1)在相同的不耦合系数的条件下,水耦合爆破与空气耦合爆破相比,水耦合爆破的应变波强度和变形势能都比在空气耦合中要大(表 4-2)。这也说明为什么在相同的条件下,水耦合爆破需要能量和炸药量都比较少。

表 4-2　　　　　　　　　　不耦合系数和应变值的关系

不耦合系数	介质	平均最大应变值/$\mu\varepsilon$	平均最大拉应力/MPa	变形势能换算值/J
1.63	水	405	7.17	0.0145
	空气	355	6.28	0.0115
2.67	水	331	5.86	0.0097
	空气	233	3.96	0.0044
3.33	水	270	4.78	0.0065
	空气	154	2.73	0.0021
4.00	水	229	1.05	0.0046
	空气	117	2.07	0.0012

(2)水耦合爆破与空气耦合爆破相比较,虽然应变波的强度随不耦合系数的增加皆呈现出指数衰减,但是水耦合爆破的衰减速度比空气耦合爆破要慢,两者相差接近一倍。这是由水的密度较大引起的。

(3)在预裂爆破中,一般采用不耦合装药结构来缓解爆破震动和冲击波带来的破坏。选取不耦合装药结构的参数时,必须考虑耦合介质的性质、炸药性能、爆破条件和要求等,才能取得预想的效果。如果选取的不耦合系数过小,在爆破中起不到抑压和缓冲的作用;如果选取的不耦合系数过大,会使爆炸能量过小、过于分散,不能对岩石起到破坏的作用。表 4-2 中的数据表明,当不耦合系数小于 1.67 时,耦合介质的缓冲和衰减作用不是很大;只有当不耦合系数大于或等于 2.0 时,水耦合才会起到比较明显的缓冲作用。

4.3.2　水中冲击波的传播规律

当装药在无限水介质中爆炸时,在装药本身的体积内形成了高温、高压的爆炸气体产物,其压力远远超过了周围水介质的静压。因此,在爆炸所产生的高压气体作用下,在水介质中同样会产生水中冲击波,同时爆炸气体的气团向外膨胀并做功。

(1)水中爆炸的基本现象与特点。

水中爆炸有别于炸药在空气介质中爆炸,水中爆炸具有如下特点和现象:

①水在一千个大气压下密度变化很小,$\Delta\rho/\rho \approx 5\%$,在压力不是很大的情况下可使用声学近似。

②由于炸药爆炸产生压力很高,水为可压缩介质,在水中形成水中冲击波。

③水的密度比空气密度大得多,这样水的波阻 ρ_c 很大,所以爆炸气体产物在水中的膨胀也要比在空气中膨胀慢得多。

④水声速比空气的声速大,在 180℃ 海水中声速大约为 1494m/s。

由于水具有上述特殊性质,所以装药爆炸后所形成的水中冲击波和爆炸产物的膨胀也就具有它自身的特点。

(2)水中冲击波的特点。

当药包在水中爆炸后,在某点 $R = R_0$ 处,测得压力-时程曲线大体如图 4-4 所示。在冲击波阵面后,压力时程曲线大体呈指数衰减规律。在衰减段后面有一个又一个的驼峰,且一个比一个弱,这是由爆炸气体的气团在水中膨胀与收缩所引起的,这种爆炸气体在水中膨胀与收缩称为气泡脉动。爆炸后,首先在水中产生冲击波,同时气泡开始首次膨胀。由于惯性,当膨胀压力降到周围介质的静压时,水介质的运动并不立刻停止,则气泡做"过度"膨胀,一直到气泡达最大半径,水介质停止,此时气泡内的压力低于周围介质的平衡压力(大气压和静压之和)。与此同时,周围水介质的聚合压力又会使过度膨胀了的气泡收缩,水的惯性会使气泡压力大于外界的环境压力,又形成了二次脉动的条件。第二次脉动所造成的冲击波具有相当的强度,它为首次冲击波强度的 $10\% \sim 20\%$;其作用时间也大于首次冲击波的作用时间,其冲量与首次冲击波冲量可相比拟。在距爆心较远处,驼峰消失,整个曲线接近于指数衰减型,即 $p(t) = p_\phi e^{-1/t}$。

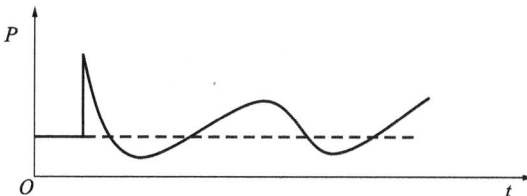

图 4-4 水中冲击波压力-时程曲线示意图

4.3.3 水耦合装药爆炸冲击波初始参数

水介质和空气介质中冲击波的形成与发展基本类似。当孔中的不耦合介质是水时,由于水的可压缩性小、密度大(在 500MPa 压力下,其密度增加只有 5%,而空气在 0.08 MPa 超压下,其密度就大约增加 5%),所以与空气不耦合装药相比,相同装药爆炸时水所形成的冲击波峰值高,孔壁压力更均匀。

水耦合装药在爆炸时,应满足流体动力学质量守恒、动量守恒和能量守恒定律,其基本方程是:

$$\begin{cases} v_1 - v_0 = \sqrt{(P_1 - P_0)(1/\rho_0 - 1/\rho_1)} \\ D - v_0 = \dfrac{1}{\rho_0} \cdot \sqrt{(P_1 - P_0)(1/\rho_0 - 1/\rho_1)} \\ E_1 - E_0 = \dfrac{1}{2}(P_1 + P_0)(1/\rho_0 - 1/\rho_1) \end{cases} \tag{4-44}$$

式中　P_0, ρ_0, E_0, v_0 ——未扰动水介质的压力、密度、内能和质点速度;

　　　P_1, ρ_1, E_1, v_1 ——冲击波阵面通过后瞬间水介质的压力、密度、内能和质点速度;

　　　D ——冲击波波速。

高压下水的状态方程可采用 Tait 状态方程:

$$P = B(s)\left[\left(\frac{\rho}{\rho_0}\right)^n - 1\right] \tag{4-45}$$

式中　n ——在一定压力范围近似看作常数,由试验确定;

　　　$B(s)$ ——熵的弱函数,一定压力范围内近似取为常数。

水中药包爆炸后,爆轰波波阵面将首先在药包边缘处冲击水,并产生初始压力很大的水中冲击波。一般情况下,由于孔内充满水,可近似认为爆轰产物等熵指数不变,且其压力与密度不会急剧下降。因此可以假设爆生产物按 $PV^\gamma =$ const 的规律膨胀。对于平面一维流动,爆生产物与水的界面处爆生产物质点速度为:

$$v_x = \frac{D}{\gamma + 1}\left\{1 + \frac{2\gamma}{\gamma - 1}\left[1 - \left(\frac{P_x}{P_1}\right)^{(\gamma-1)/(2\gamma)}\right]\right\} \tag{4-46}$$

式中　D ——炸药的爆速;

　　　γ ——爆炸产物的多方指数,此处取 3;

　　　P_x ——界面处水中的冲击波压力;

　　　P_1 ——界面处爆轰波压力。

代入数值后得:

$$v_x = D\left[1 - \frac{3}{4}\left(\frac{P_x}{P_1}\right)^{1/3}\right] \tag{4-47}$$

式中 P_1 ——爆轰波阵面上的压力；

P_x, v_x ——爆炸产物和水的界面处爆生产物的压力和质点速度。

又当 $v_0 = 0$ 时，水中冲击波阵面上的质点速度可写为：

$$v_m = \sqrt{(P_m - P_0)\left(\frac{1}{\rho_0} - \frac{1}{\rho_m}\right)} \tag{4-48}$$

根据界面连续条件可知：

$$P_x = P_m, \quad v_x = v_m \tag{4-49}$$

式中 ρ_m, P_m ——水中初始冲击波的密度和压力；

ρ_0, P_0 ——未扰动水介质的密度和压力。

由动力学的实验测定，当压力 $0 < P < 45\text{MPa}$ 时，水中的冲击绝热方程为：

$$D_m = 1.483 + 25.306\ln\left(1 + \frac{v_m}{5.19}\right) \tag{4-50}$$

式中 D_m, v_m ——水中冲击波波阵面速度和质点速度。

水中冲击波的动量方程为：

$$P_m = \rho_0 D_m v_m \tag{4-51}$$

将式(4-50)代入式(4-51)得：

$$P_m = \rho_0\left[1.483 + 25.306\lg\left(1 + \frac{v_m}{5.19}\right)\right]v_m \tag{4-52}$$

将式(4-47)、式(4-48)、式(4-52)联立求解可算出水中冲击波的初始参数 P_x，v_m。表4-3给出了TNT炸药在空中爆炸和水中爆炸的冲击波参数对比。

表4-3 **TNT爆炸产生的初始冲击波参数**

参数 / 介质	冲击波波阵面上介质密度/(g/cm)	炸药爆轰波速度/(m/s)	冲击波波阵面质点速度/(m/s)	冲击波波阵面内能增量/(J/g)	冲击波速度/(m/s)	冲击波阵面压力/MPa
空气	—	7000	6450	285	7100	570
水	1.60	7000	2185	570	6100	13600

从表4-3可以明显看出水中爆炸和空气爆炸初始冲击波参数的区别：同等装药条件下起爆，水中的冲击波波阵面压力远比空气中大，但水中的冲击波速度比空气中小了近2/3。同时，水中冲击波波阵面上内能增量是空气中的2倍，这说明水的传能效果好，水作为传能介质能提高炸药的能量利用率。

4.3.4 水耦合装药爆炸时的准静态应力场

水中冲击波经过之后，爆生产物膨胀，进一步压缩水介质。在此压缩过程中,一方面气体膨胀压力降低,另一方面水介质压力升高。当爆生产物膨胀到其压力等于被压缩后水介质压力时,膨胀压缩过程结束,此时达到平衡状态,炮孔内压力均等,并以准静态的形式作用于孔壁,在炮孔周围的岩石中产生准静态应力场。

设爆生气体膨胀仍遵循等熵过程,即满足:

$$PV^{\gamma} = \text{const} \tag{4-53}$$

式中　P ——爆生气体膨胀过程中的瞬时压力。

　　　γ ——绝热指数,考虑水的可压缩性小,近似取为 3,如果计算出的压力值小于 200MPa,则需重新取 $\gamma = 1.3$ 再计算。

　　　V ——与压力 P 对应的爆生气体所占的体积。

进一步可得到:

$$P = P_{\text{w}}(r_0/r)^{2\gamma} \tag{4-54}$$

式中　r ——爆生气体径向膨胀半径。

　　　r_0 ——装药半径。

　　　P_{w} ——爆生气体平均压力,其计算公式为:

$$P_{\text{w}} = \frac{1}{8}\rho_{\text{e}}D^2 \tag{4-55}$$

式中　ρ_{e} ——炸药密度。

　　　D ——炸药爆速。

当水的径向压缩量为 b 时,达到平衡状态时的爆生气体压力为:

$$P_{\text{e}} = P_{\text{w}}\left(\frac{r_0}{r_0+b}\right)^6 \tag{4-56}$$

又根据流体力学理论,水在压缩过程中体积和压力的关系为:

$$\mathrm{d}P = -\frac{E_V}{V}\mathrm{d}V$$

$$V = \pi(r_{\text{b}}^2 - r^2) \tag{4-57}$$

即

$$\mathrm{d}V = -2\pi h r \,\mathrm{d}r$$

由以上两式可得:

$$\mathrm{d}P = \frac{2E_V r}{r_{\text{b}}^2 - r^2}\mathrm{d}r \tag{4-58}$$

式中　E_V ——水的体积弹性模量,可取 $E_V = 2.1\text{GPa}$;

　　　r_{b} ——炮孔半径;

　　　h ——孔内注水深度。

达到平衡状态时应有下式成立:

$$\int_{P_0}^{P_e} \mathrm{d}p = \int_{r_0}^{r_0+b} \frac{2E_V r}{r_b^2 - r^2} \mathrm{d}r \tag{4-59}$$

积分可得：

$$P_e = P_0 + E_V \ln\left[\frac{r_b^2 - r^2}{r_b^2 - (r_0 + b)^2}\right] \tag{4-60}$$

式中　　P_0——静水压力。

为了对比分析两种耦合介质装药爆炸时孔内的准静态压力随参数 K_d 的变化情况，设参数如下：$r_b = 3.2\mathrm{cm}$，$\rho_e = 1.2\mathrm{g/cm^3}$，$D = 6700\mathrm{m/s}$，代入式(4-53)~式(4-60)，算得孔壁准静态压力见表 4-4，其对应的曲线如图 4-5 所示。

表 4-4　　　　　　　水、空气介质不耦合装药爆炸时孔内准静态压力

介质	K_d	1.032	1.28	1.6	2	2.67	3.2	4
水	P_w/MPa	1231.81	764.1	449.3	256	118	70	29
	b	1.0144	1.093	1.1404	1.1594	1.15485	1.1412	1.1184
空气	P_a/MPa	381.2	268.25	134.22	72.9	30.16	16.22	8.011

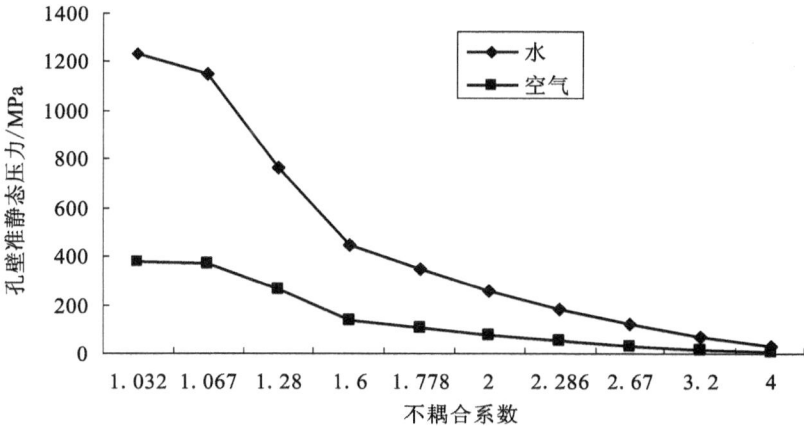

图 4-5　水、空气介质不耦合爆炸时孔内准静态压力曲线

从表 4-4 和图 4-5 可以看出，同样条件下，水耦合装药比空气不耦合装药爆炸时所产生的孔壁压力和准静态压力始终大；而从图 4-5 还可看出，水耦合装药比空气不耦合装药爆炸时的孔壁压力衰减慢很多。这说明水耦合装药爆炸时，炸药能量利用率较高，作用于炮孔周围岩石的压力分布均匀，且作用时间长。

4.4　小　　结

　　本章经过理论推导,得出复合型切缝药包爆炸应力场的大小,经过对比分析得出切缝方向的应力大于非切缝方向的应力,并与常规切缝药包在切缝方向产生的剪应力进行了对比分析,得出复合型切缝药包是常规切缝药包的1.59倍。根据岩石爆破理论和库仑定律,推导出了复合型切缝药包定向断裂控制爆破成缝理论、裂缝扩展的方向和扩展的长度等理论。最后分析不同耦合介质爆炸力学特性,得出采用水耦合装药能够取得比较理想爆破效果的结论。

5 复合型切缝药包控制爆破数值模拟

5.1 引　　言

为了验证相似模拟的研究成果和理论分析的研究结论,本章应用有限元软件 ANSYS10.0/LS-DYNA 对复合型切缝药包定向断裂控制爆破进行数值模拟试验研究。采用单孔、三孔试件进行试验分析,以研究复合型切缝药包的定向效果,并验证相似模拟试验的结果。

5.2　试验内容和 LS-DYNA 软件简介

5.2.1　试验内容

为了验证相似模拟试验的需要,建立相应尺寸的试件。通过压力场、等效塑性应变及爆破效果宏观描述,对复合型切缝药包、PVC 管与炮孔耦合和 PVC 管与炸药耦合三种装药结构进行数值模拟试验研究,着重分析复合型切缝药包和其他两种药包的不同爆破效果,并把复合型切缝药包应用于三孔试件,测试其定向效果。

5.2.2　LS-DYNA 软件简介

近年来,结构动力仿真方面的研究工作和工程应用都取得了迅速的发展。20世纪 90 年代中后期,著名通用显式动力分析程序 LS-DYNA 被引入中国,很快在相关的工程领域得到广泛应用,目前已经成为国内科研人员开展数值实验的有力工具。

LS-DYNA 是世界上最著名的通用显式动力分析程序,能够模拟真实世界的各种复杂问题,特别适合求解各种二维、三维非线性结构的高速碰撞、爆炸和金属成型等非线性动力冲击问题,同时可以求解传热、流体及流固耦合问题。在工程应用领域被广泛认为是最佳的分析软件包。与实验的无数次对比证实了其计算的可靠性。

由 J. O. Hallquist 主持开发完成的 DYNA 程序系列被公认为是显式有限元程序的鼻祖和理论先导,是目前所有显式求解程序(包括显式板成型程序)的基础代码。1988 年,J. O. Hallquist 创建 LSTC 公司(Livermore Software Technology Corporation),推出 LS-DYNA 程序系列,并于 1997 年将 LS-DYNA2D、LS-DYNA3D、LS-TOPAZ2D、LS-TOPAZ3D 等程序合成一个软件包,称为 LS-DYNA。PC 版的前后处理采用 ETA 公司的 FEMB,新开发的后处理为 LS-POST。LS-DYNA 的最新版本是 2006 年 6 月中旬正式推出的 971 版。该版本新增了很多显式分析功能,还增加了多工况分析的功能。

在 LS-DYNA 发展历程中,与 ANSYS 的合作是具有重要意义的事件之一。1996 年,LSTC 公司和 ANSYS 公司开始进行技术和市场方面的合作,共同推出了 ANSYS/LS-DYNA 的第一个版本 5.5。ANSYS/LS-DYNA 将 ANSYS 界面的前后处理功能与 LS-DYNA 的求解器强大的分析能力集于一体。对于熟悉 ANSYS 基本操作的用户而言,使用 ANSYS/LS-DYNA 来处理各种高度非线性的动态问题是一个十分理想的选择。目前,ANSYS/LS-DYNA 的最新版本为 12.0,其前处理支持 LS-DYNA 求解器 971 版本的大部分分析功能。

LS-DYNA 最新 971 版是功能齐全的几何非线性(大位移、大转动和大应变)、材料非线性(140 多种材料动态模型)和接触非线性(50 多种)程序。它以 Lagrange 算法为主,兼有 ALE 和 Euler 算法;以显式求解为主,兼有隐式求解功能;以结构分析为主,兼有热分析、流体-结构耦合功能;以非线性动力分析为主,兼有静力分析功能(如动力分析前的预应力计算和薄板冲压成型后的回弹计算)。

5.3　单孔试件计算模型

爆破破坏过程只在几毫秒甚至几十微秒内完成,其相应很多力学特性很难从试验中得到;为了减少试验费用以及由于时间的限制,大多数科研工作者选择数值模拟的方法进行相应研究,他们在岩石材料本构模型建立了大量的研究成果,这为岩石材料的断裂损伤研究提供了大量的理论依据。

采用有限元软件 ANSYS10.0/LS-DYNA 进行数值计算。为了计算方便,将计算模型简化为"准"平面状态,采用 1/4 模型进行建模,尺寸分别为 200mm×150mm×5mm,关于 x、y 两轴对称,爆破参数见表 5-1。模型中采用 * MAT_HIGH_EXPLOSIVE_ BURN,结合 * EOS_JWL 状态方程来模拟炸药爆炸过程中

的压力与体积的变化,其爆轰过程中压力 P 和相对体积 V 的关系为:

$$P = A\left(1 - \frac{\omega}{R_1 V}\right)e^{-R_1 V} + B\left(1 - \frac{\omega}{R_2 V}\right)e^{-R_2 V} + \frac{\omega E_0}{V}$$

式中　A, B, R_1, R_2, ω ——材料常数;

　　　E_0 ——初始比能。

C-J(爆轰波波降面)压力为 18.5GPa。

表 5-1　　　　　　　　　　　　　　　爆破参数

耦合介质	炸药	d_b/mm	$\rho/(\times 10^3 \text{kg/m}^3)$	σ/MPa	E/MPa
水	RDX	16	1.10	1.60	169.45

PVC 管的密度、弹性模量和泊松比分别为 1.3g/cm³、3.1MPa 和 0.38。水的密度是 1.02g/cm³,空气的密度是 1.29×10^{-3} g/cm³。岩石采用塑性动力学模型 * MAT_PLASTIC_ KINEMATIC,它是与应变率有关和考虑失效的各向同性、随动硬化或各向同性和随动硬化的混合模型,参数见表 5-1。其应力-应变关系如下:

$$\sigma_Y = \left[1 + \left(\frac{\dot{\varepsilon}}{C}\right)^{1/P}\right](\sigma_0 + \beta E_P \varepsilon_P^{\text{eff}})$$

式中　σ_0 ——初始屈服应力;

　　　$\dot{\varepsilon}$ ——应变率;

　　　C, P ——Cowper Symonds 应变率参数;

　　　$\varepsilon_P^{\text{eff}}$ ——等效塑性应变;

　　　E_P ——塑性硬化模量,$E_P = E_{\text{tan}}E/(E - E_{\text{tan}})$;

　　　β ——硬化参数($\beta = 0$,仅随动硬化,$\beta = 1$,仅各向同性硬化)。

应力-应变特性只能在一种温度下给定。

采用 cm-g-μs 单位制建模计算。该单位制与国际单位制的换算关系为:1g/(μs² · cm)$= 10^5$ MPa,1g/cm³$= 10^3$ kg/m³,1cm/μs$= 10^4$ m/s。

5.3.1　复合型切缝药包模拟试验

5.3.1.1　有限元模型

复合型切缝药包采用两层 PVC 管组合而成,直径分别为 10mm、16mm,并在 PVC 管两侧开 180°对称缝。复合型切缝药包有限元模型见图 5-1。

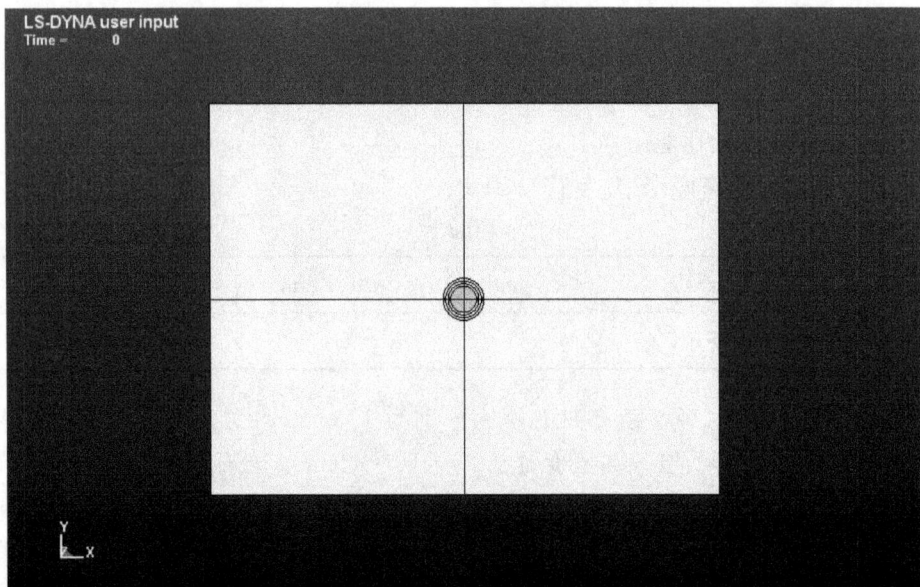

图 5-1　复合型切缝药包有限元模型

5.3.1.2　爆炸效果

图 5-2 给出了复合型切缝药包装药结构下,爆炸初期 $T=2.4963\mu s$ 时切缝方向的定向效果。从图中可以看出,在爆炸初期,复合型切缝药包在切缝方向首先发生断裂,而后裂缝在炮孔周围向非切缝方向延伸(当应变量的变化达到失效应变阈值时,即在该处形成裂缝,下同)。这一点可以从 G. W. Ma 和 X. M. An 在切缝药包定向断裂控制爆破的研究成果得到验证,见图 1-3。

图 5-3、图 5-4、图 5-5 分别给出了复合型切缝药包装药结构下,爆炸初期 $T=2.4963\mu s$ 时等效塑性应变云图、压力云图和速度矢量图。从图 5-3 所示的等效塑性应变云图中可以看出,最大塑性应变的形状像一个椭圆,而长半轴在切缝方向,其长度明显高于非切缝方向,这从图 5-4 所示的压力云图也可以得到证明。从图 5-5 所示的速度矢量图可以看出,爆炸初期在内层 PVC 管的作用下爆炸产物首先向切缝方向聚集,并冲击耦合介质水,且在外层 PVC 管的作用下,高温、高压的水在切缝方向形成超高压水射流,最后冲击炮孔壁,进而形成切缝方向裂缝,达到定向断裂控制爆破。

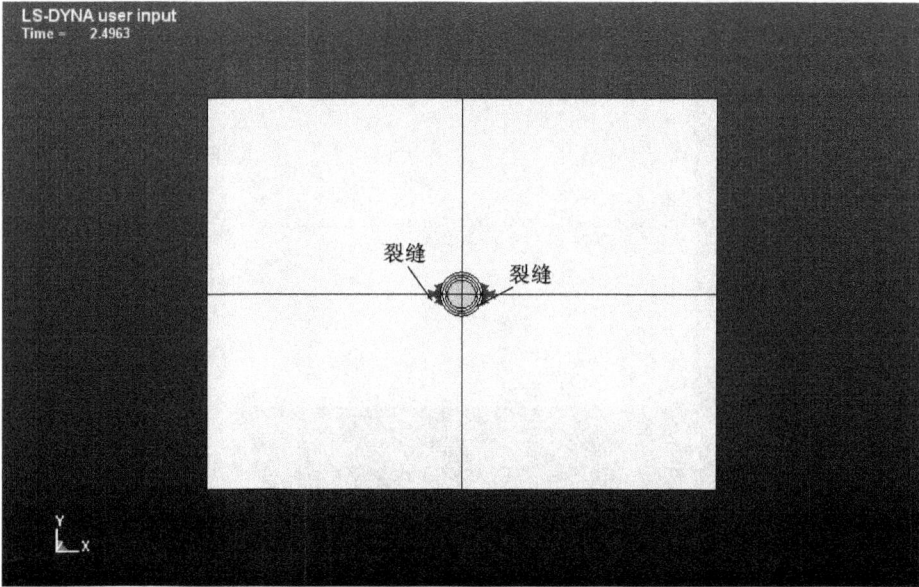

图 5-2　爆炸效果图

图 5-3　等效塑性应变云图 1

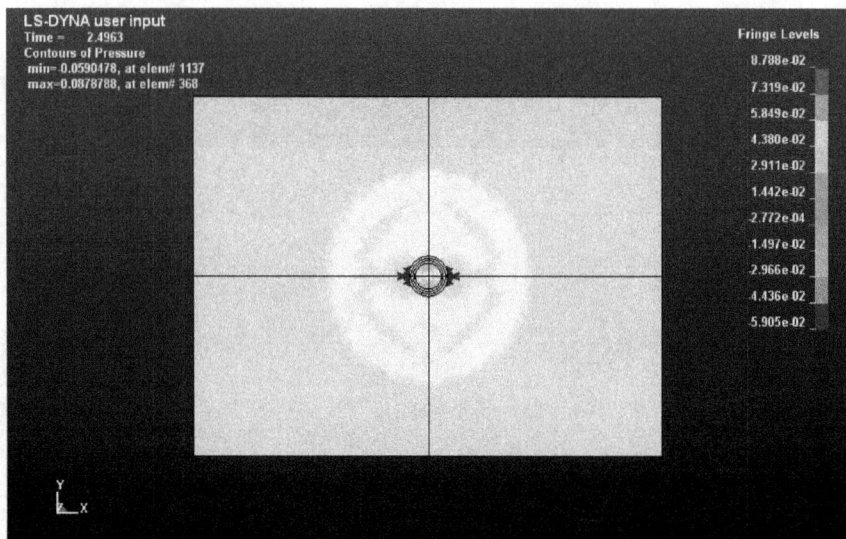

图 5-4 压力云图 1

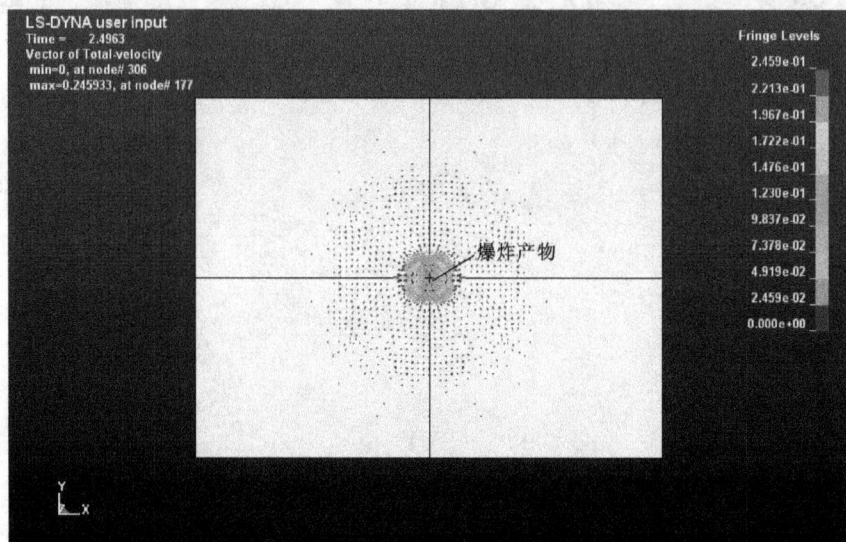

图 5-5 速度矢量图 1

5.3.1.3 等效塑性应变-时程曲线

图 5-6 给出了复合型切缝药包装药结构下,距炮孔中心 100mm 处切缝方向 7185 单元和垂直切缝方向 6725 单元的位置图和等效塑性应变-时程曲线,单元位置见

图 5-6(a)。从图 5-6(b)中可以看出,切缝方向的等效塑性应变明显高于非切缝方向,7185 单元等效塑性应变峰值上升速度比较快,当 $\varepsilon = 0.0249$ 时应变趋于稳定;6725 单元等效塑性应变峰值上升速度比较慢,当 $\varepsilon = 0.0085$ 时应变趋于稳定,此时切缝方向应变量是垂直切缝方向应变量的 2.93 倍。

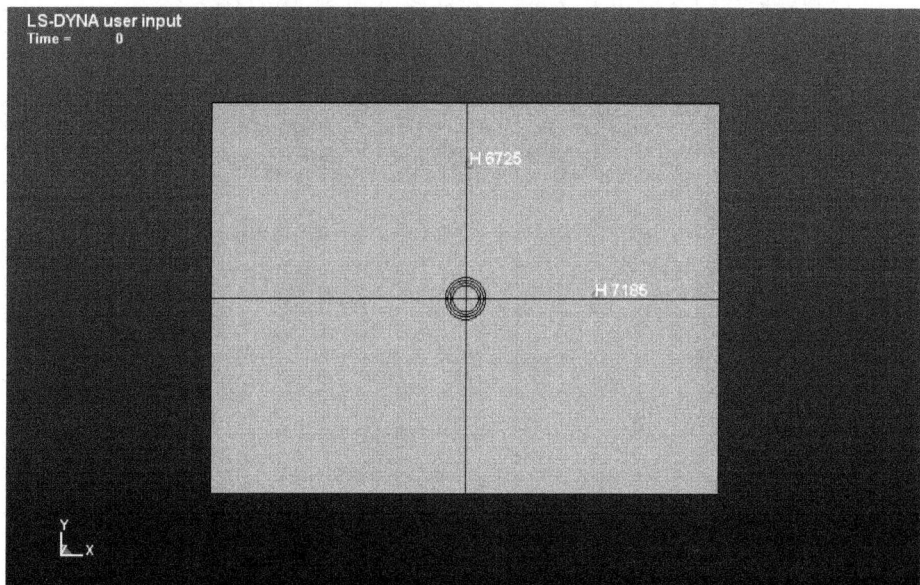

(a)

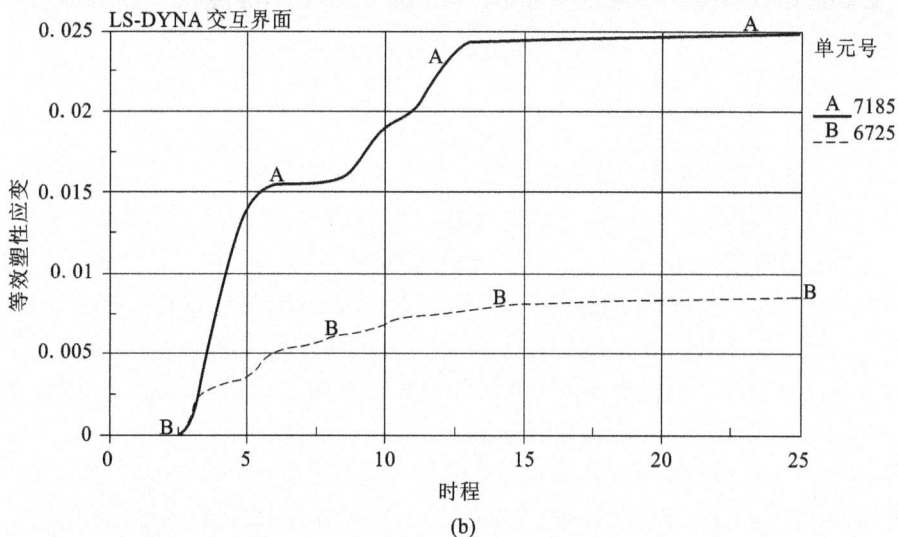

(b)

图 5-6 等效塑性应变-时程曲线 1

5.3.2 PVC管与炸药耦合模型

5.3.2.1 有限元模型

PVC管与炸药耦合采用PVC管与炸药组合而成,PVC管直径为10mm,并在PVC管两侧开180°对称缝。PVC管与炸药耦合模型见图5-7。

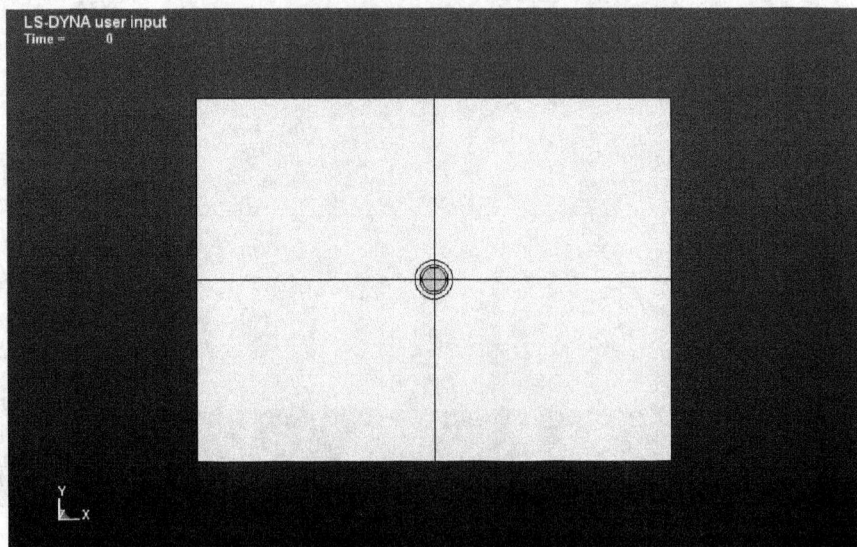

图 5-7 PVC管与炸药耦合模型

5.3.2.2 爆炸效果

图5-8给出了PVC管与炸药耦合装药结构下,爆炸初期 $T=2.4938\mu s$ 时切缝方向的定向效果。从图中可以看出,在爆炸初期,PVC管与炸药耦合模型在切缝方向虽然首先发生断裂,但炮孔壁也发生了较大范围的断裂。对比图5-2和图5-8,发现图5-8中在PVC管与炸药耦合作用下,切缝方向也能形成定向断裂,但在非切缝方向对炮孔壁也形成了一定程度的破坏,因此其能量产生一定程度的损耗,故其在切缝方向的定向断裂的能量小于图5-2所示复合型切缝药包在切缝方向的能量,因此其定向效果小于复合型切缝药包在切缝方向的定向效果。

PVC管与炸药耦合装药模型在爆炸初期首先在内层PVC管切缝方向形成一定的高压水射流,进而在切缝方向首先形成断裂;但随着PVC管的变形,其定向效果受到一定的限制,甚至失去定向效果,这时爆炸冲击波直接作用于炮孔壁,进而在炮孔壁较大范围内形成不规则的断裂。这一分析也可以在图5-9所示的等效塑性应变云图和图 5-10 所示的压力云图中得到佐证。从图 5-11 所示的速度矢量图中可以看出,在爆炸初期,爆炸产物形成的水射流在整个炮孔壁形成了高压区,因而在炮孔壁四周形成了不同程度的断裂,可以从图 5-8 的爆炸效果图中得到证明,因此其定向效果受到一定程度的限制。

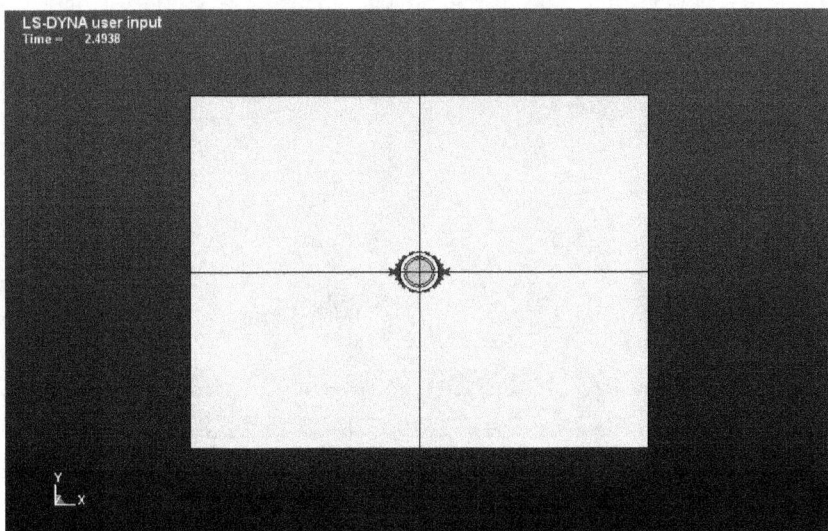

图 5-8   爆炸效果图 2

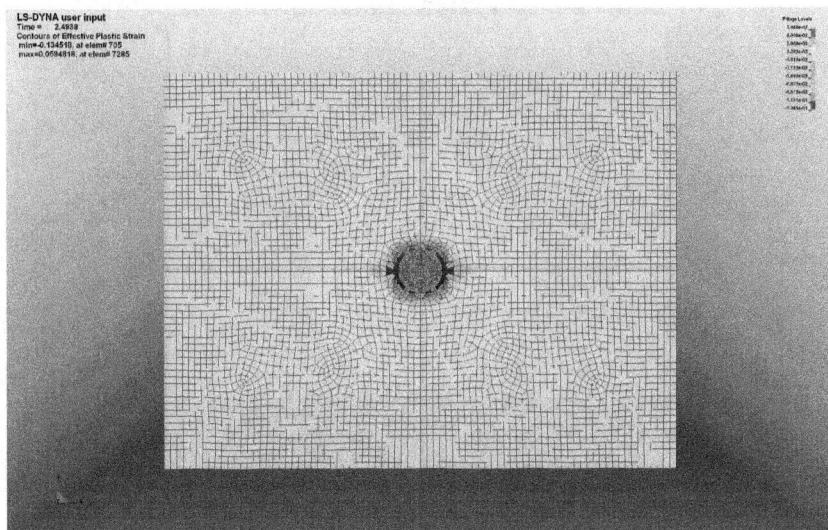

图 5-9   等效塑性应变云图 2

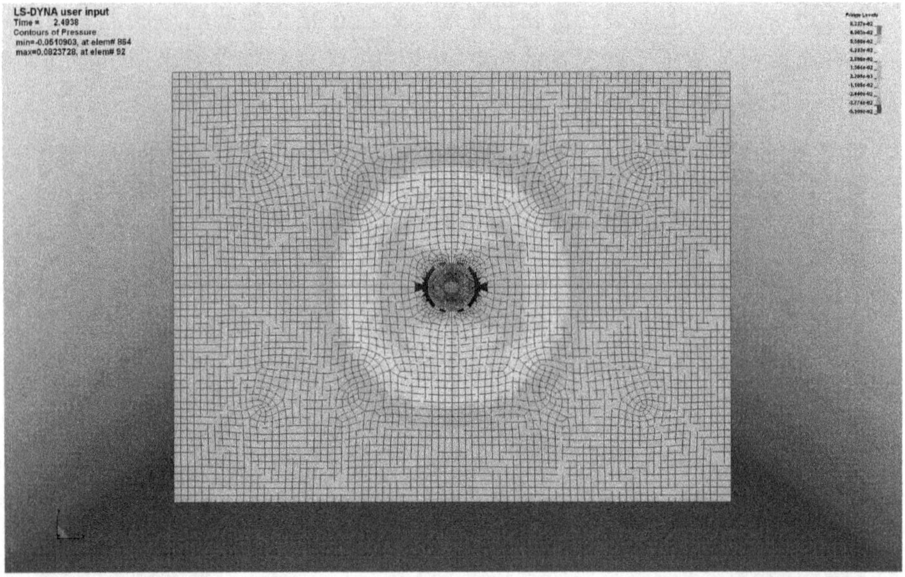

图 5-10　压力云图 2

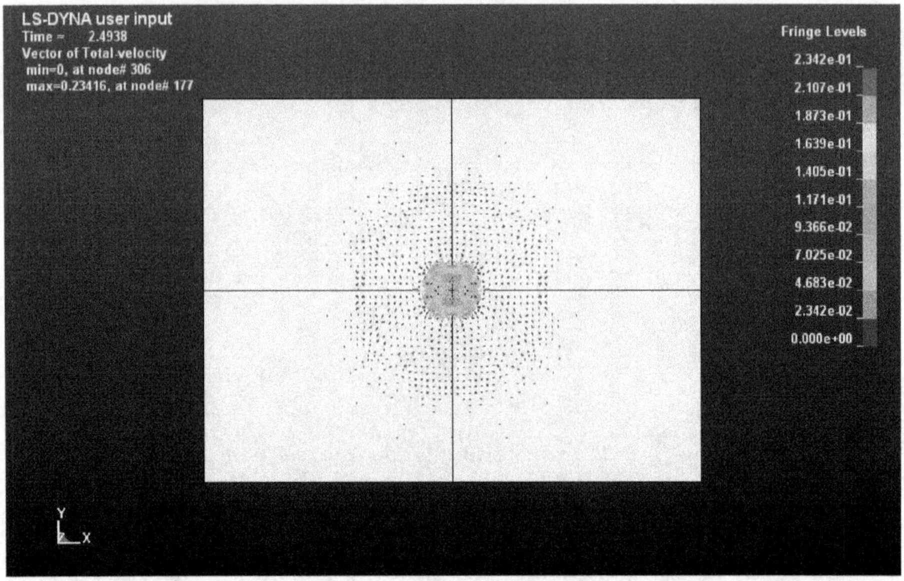

图 5-11　速度矢量图 2

5.3.2.3 等效塑性应变-时程曲线

图 5-12 给出了 PVC 管与炸药耦合装药结构下,距炮孔中心 100mm 处切缝方向 7185 单元和垂直切缝方向 6725 单元的位置图、等效塑性应变时程曲线。从图

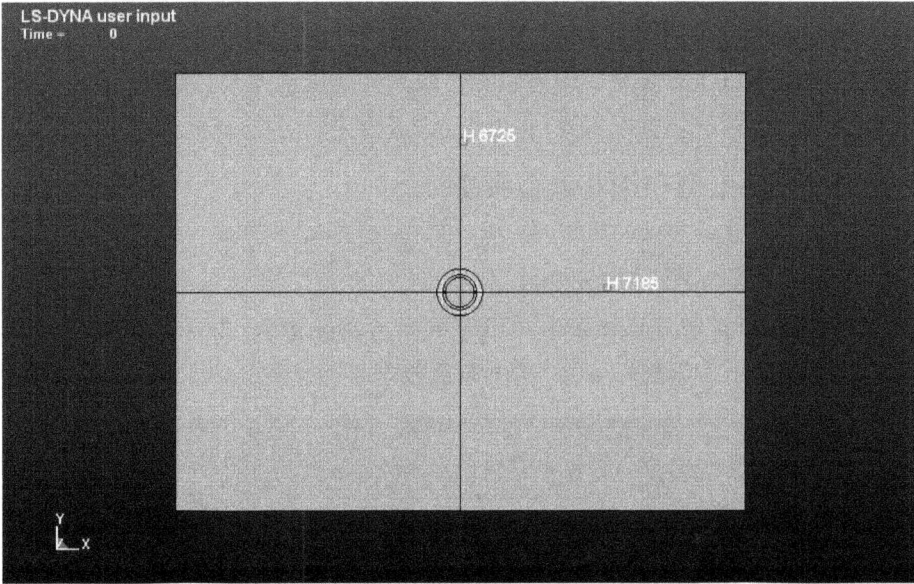

(a)

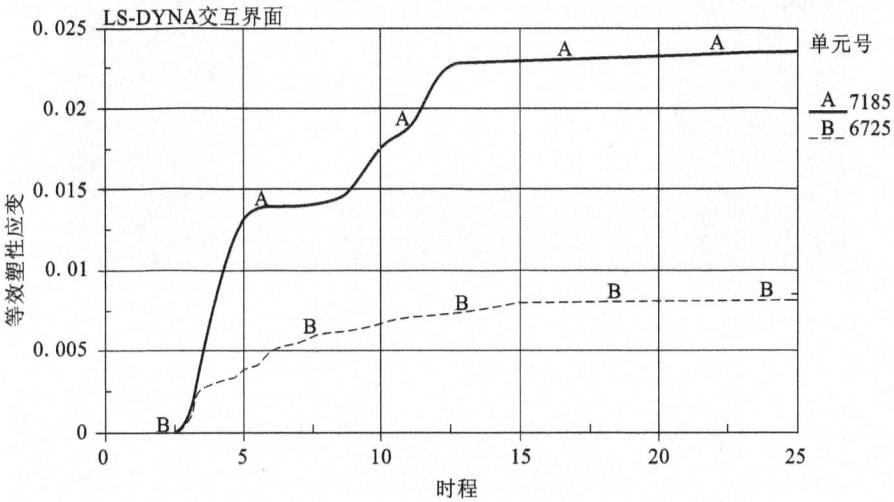

(b)

图 5-12 等效塑性应变-时程曲线 2

中可以看出,图 5-12(b)的等效塑性应变时程曲线的变化趋势和图 5-6 基本相符,7185 单元在 $\varepsilon=0.0236$ 时塑性应变趋于稳定,6725 单元在 $\varepsilon=0.0082$ 时塑性应变也趋于稳定,对比复合型切缝药包装药结构下相同位置单元(7185 单元在 $\varepsilon=0.0249$ 时塑性应变趋于稳定,6725 单元在 $\varepsilon=0.0085$ 时塑性应变趋于稳定)的最终塑性应变可以看出,PVC 管与炸药耦合装药结构下单元的最终塑性应变低于复合型切缝药包装药结构下单元塑性应变,说明 PVC 管与炸药耦合装药结构在切缝方向的定向效果低于复合型切缝药包在切缝方向的定向效果,其爆炸能量有相当大一部分作用于破碎炮孔壁岩石,进而失去了其一定的定向效果。

5.3.3　PVC 管与炮孔耦合模型

5.3.3.1　有限元模型

PVC 管与炮孔耦合采用 PVC 管与炮孔组合而成,PVC 管直径为 16mm,并在 PVC 管两侧开 180°对称缝。PVC 管与炮孔耦合模型见图 5-13。

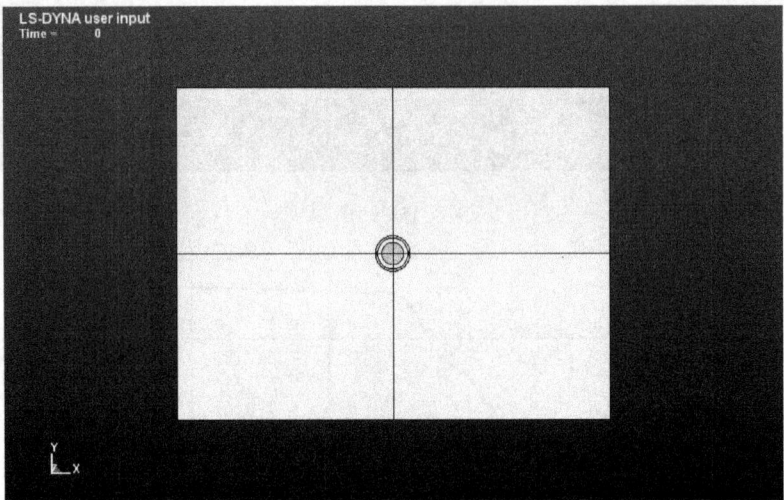

图 5-13　PVC 管与炮孔耦合模型

5.3.3.2　爆炸效果

图 5-14 给出了 PVC 管与炸药耦合装药结构下,爆炸初期 $T=2.4961\mu s$ 时切缝方向的定向效果。从该图可以看出,在爆炸初期,PVC 管与炮孔耦合模型在切缝方向虽然首先发生断裂,但其在切缝方向定向断裂的能量小于复合型切缝药包在切缝方向的,这可以对比图 5-2 和图 5-14 得到佐证。

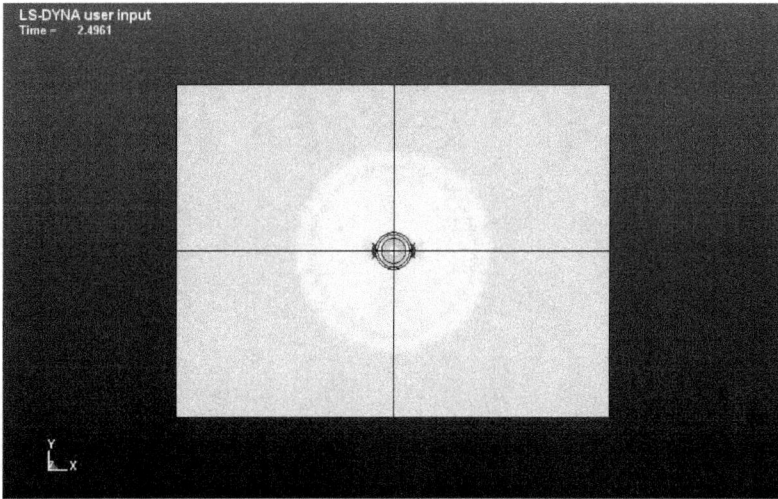

图 5-14　爆炸效果图 3

　　PVC 管与炮孔耦合装药模型在爆炸初期首先在外层 PVC 管切缝方向形成一定的高压水射流,进而在切缝方向首先形成断裂,但其断裂的范围小于图 5-2 复合型切缝药包的爆破效果,这一分析也可以在图 5-15 所示的等效塑性应变云图和图 5-16 所示的压力云图中得到佐证。分析图 5-17 速度矢量图可以得出,PVC 管与炮孔耦合模型在爆炸初期爆炸产物形成的水射流在整个炮壁形成较均匀的压力场,因而其定向断裂的范围较小,因此其定向效果得到一定程度的限制。

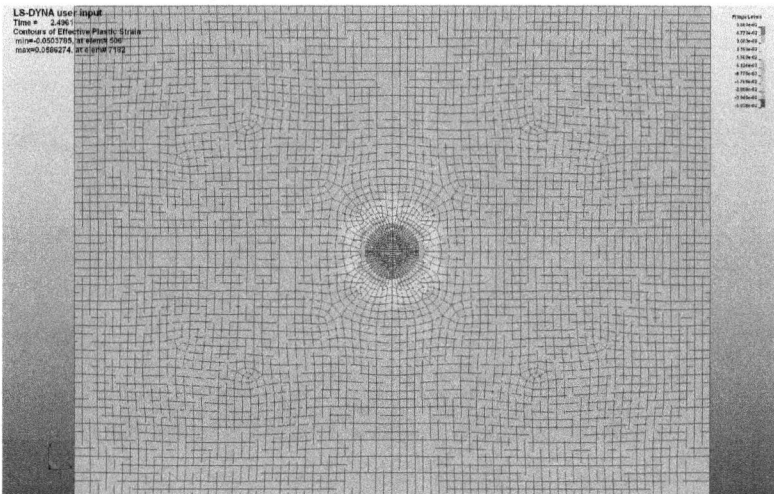

图 5-15　等效塑性应变云图 3

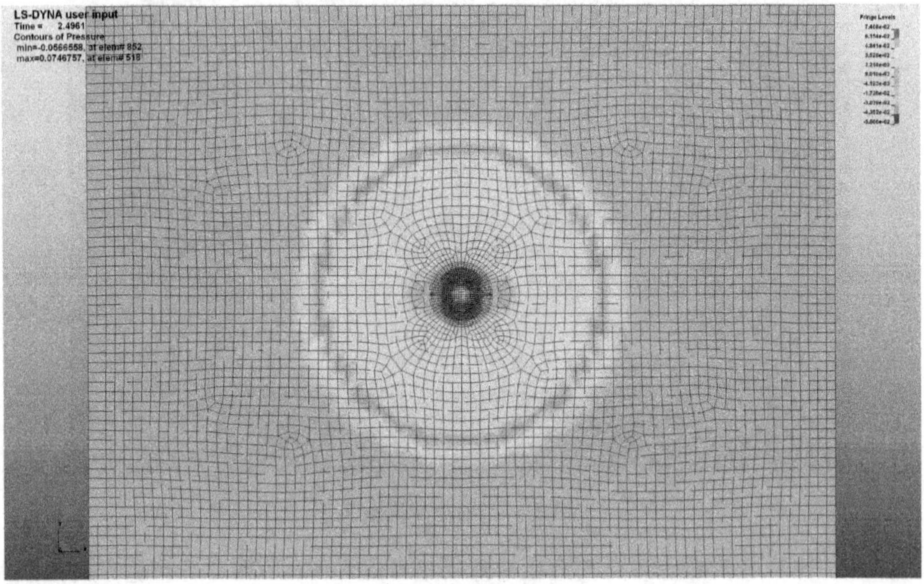

图 5-16　压力云图 3

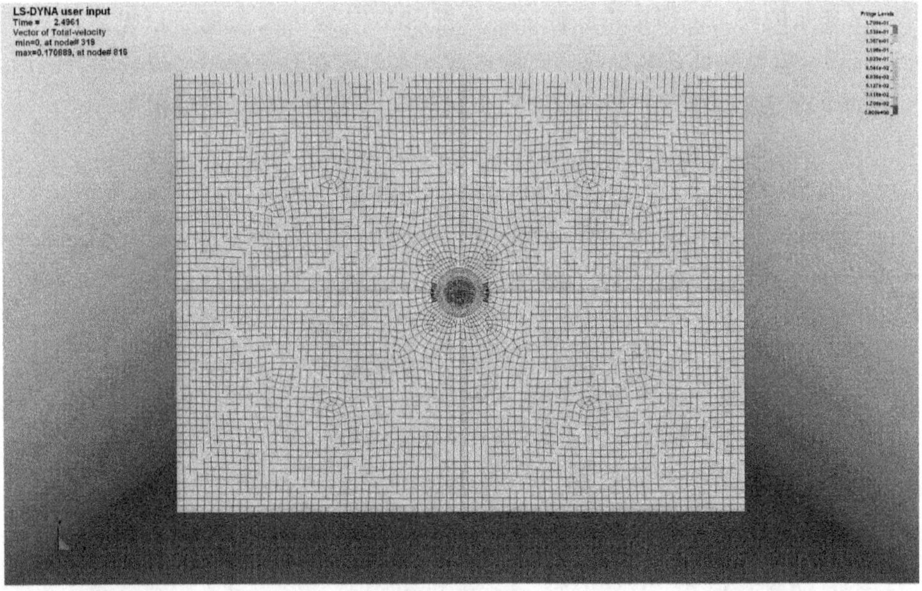

图 5-17　速度矢量图 3

5.3.3.3 等效塑性应变-时程曲线

图 5-18 给出了 PVC 管与炮孔耦合装药结构下,距炮孔中心 100mm 处切缝方向 7185 单元和垂直切缝方向 6725 单元的单元位置图和等效塑性应变-时程曲线。

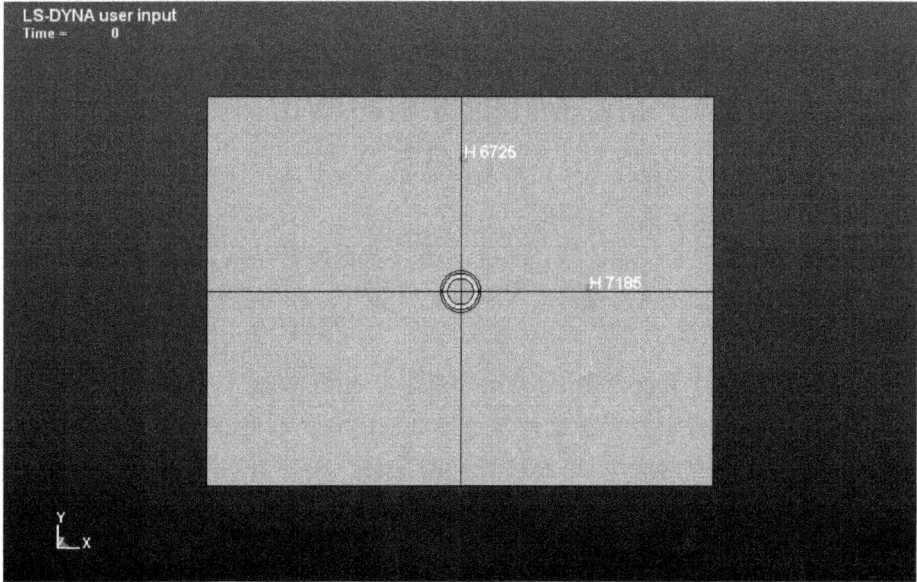

(a)

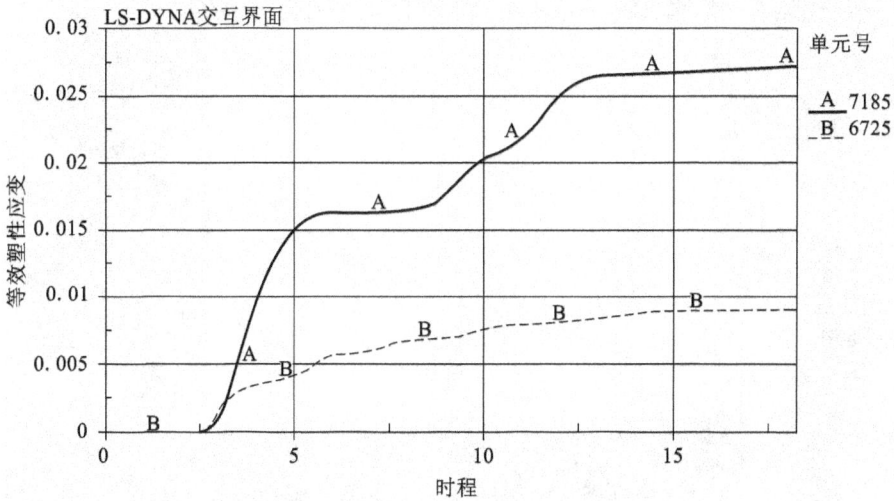

(b)

图 5-18　等效塑性应变-时程曲线 3

从图中可以看出,图 5-18 所示等效塑性应变-时程曲线和图 5-6 所示各种时程曲线基本相符,但其各种力学参数最大值都比前两种装药结构要高,说明此种装药结构在爆炸瞬间,爆炸能量直接作用于耦合介质水,形成高压水射流,因高压水射流的冲击破坏能力远远大于爆炸产物的冲击破坏能力,所以反映在等效塑性应变-时程曲线各最大值比较高。但此种装药结构的爆炸能量主要作用在破碎岩石方面,而定向效果不如复合型切缝药包。

5.3.4　三种装药结构在非切缝方向压力对比

定向断裂控制爆破最佳装药结构是在特定方向形成定向断裂,在其他方向尽可能降低对围岩的损伤程度。因此,如何提高断裂方向的爆炸能流密度,是解决定向断裂控制爆破起裂和扩展的核心问题。研究新型装药结构,提高炸药爆炸的能量利用率和定向断裂方向的爆炸能流密度是改善定向断裂控制爆破效果的主要研究方向。

切缝方向的爆炸能流密度不同,会引起非切缝方向的压力场的变化,而非切缝方向的损伤程度与压力成正比。非切缝方向的损伤程度在有限元中的表现在于爆炸引起单元压力的大小,单元位置见图 5-19。图 5-20 对比分析了复合型切缝药包曲线 A、PVC 管与炸药耦合模型曲线 B 及 PVC 管与炮孔耦合模型曲线 C

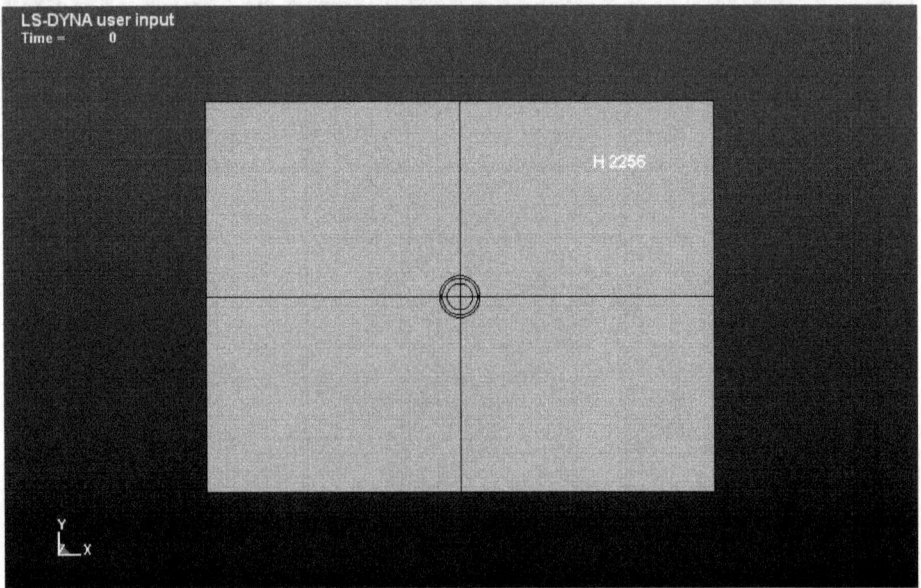

图 5-19　单元位置图 1

在非切缝方向的压力-时程曲线,从图中可以看出,复合型切缝药包在非切缝方向引起的压力峰值最小;PVC管与炸药耦合次之;PVC管与炮孔耦合最大。因此,复合型切缝药包装药结构对于保护围岩的完整性,使其损伤程度降到最小具有积极的作用。

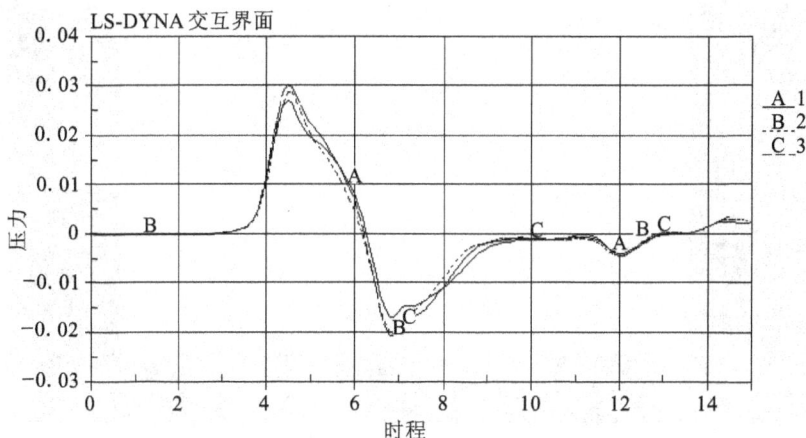

图 5-20　压力-时程曲线对比

5.4　不同耦合介质复合型切缝药包数值模拟试验研究

采用有限元软件 ANSYS10.0/LS-DYNA 对复合型切缝药包进行不同耦合介质数值模拟试验研究,试验所用模型尺寸和爆破参数同前。

5.4.1　爆破效果

图 5-21 给出了复合型切缝药包在空气耦合条件下,爆炸初期 $T=2.7\mu s$ 爆炸效果图,从图中可以看出,内层 PVC 管在爆轰产物的作用下向外层 PVC 管方向移动。当内外 PVC 管接触时,在内层 PVC 管切缝端处发生开裂缝,最后在外层 PVC 管切缝处发生开裂。因此,复合型切缝药包空气耦合的定向断裂效果不如水耦合的定向断裂效果,这一点也可以通过对比图 5-2 和图 5-21 得到证明。PVC 管位置见图 5-22。

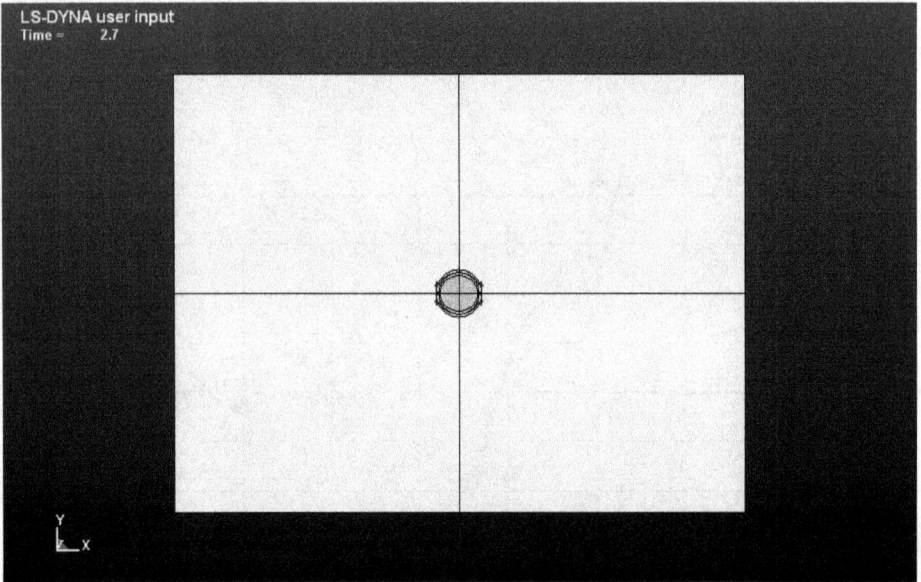

图 5-21　爆炸效果图 4

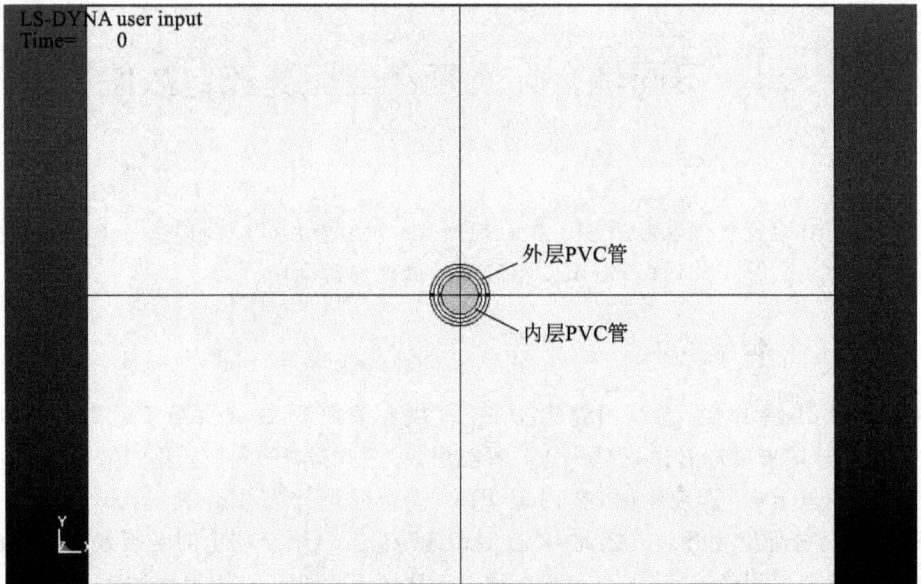

图 5-22　PVC 管位置图

5.4.2　两种耦合介质力学性质对比

图 5-23、图 5-24 分别给出了复合型切缝药包水耦合和空气耦合情况下,切缝方向单元压力、合速度对比曲线。单元位置见图 5-25。对比曲线 A、曲线 B 可得到如下结论。

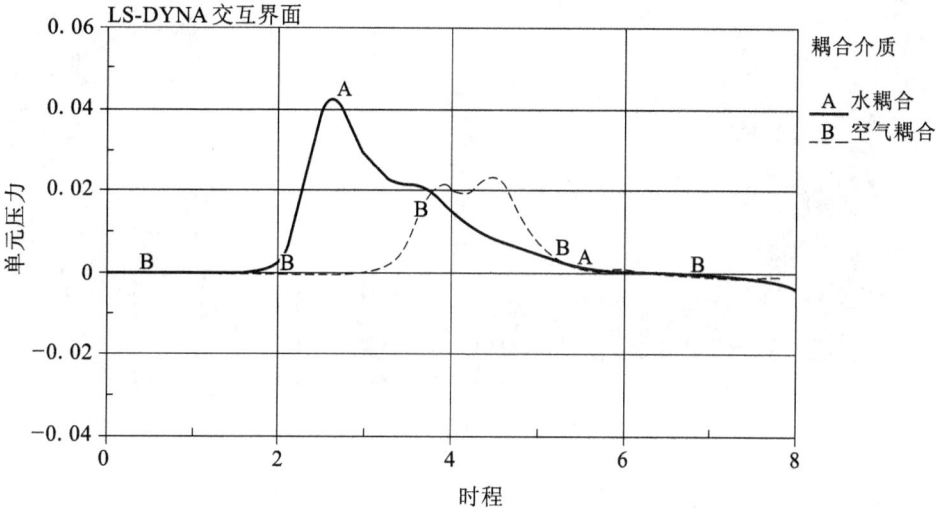

图 5-23　两种耦合介质单元压力对比

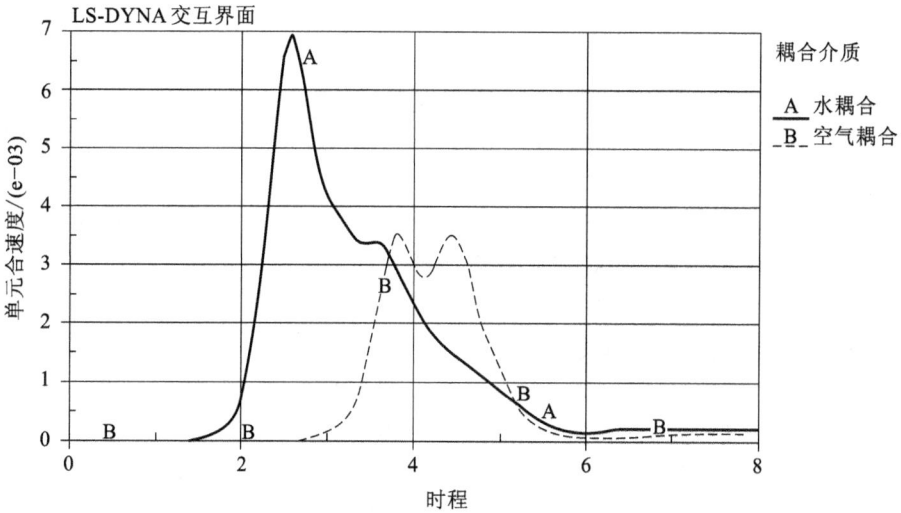

图 5-24　两种耦合介质单元合速度对比

101

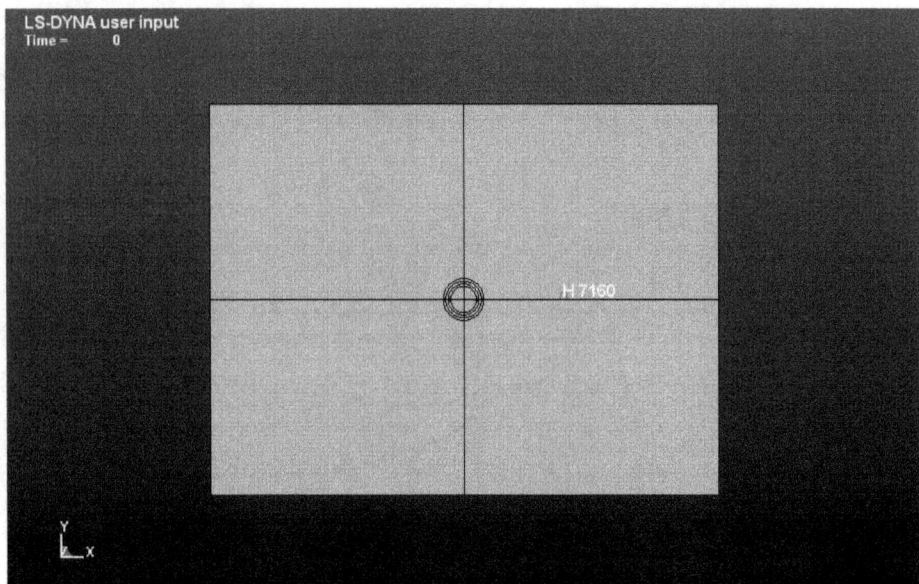

图 5-25　单元位置图 2

(1)水耦合条件下,单元压力峰值是空气耦合条件下的 1.92 倍。在两种耦合介质中爆炸,质量相同的同种炸药所产生的爆炸威力是不同的。由于水和空气具有不同的密度(水的密度 $\rho = 1024.6\text{kg/m}^3$,而空气的密度 $\rho = 1.226\text{kg/m}^3$,水的密度约为空气的 835 倍)和不同的压缩性(空气是可压缩的,而水的压缩性通常只有空气的 1/30000～1/20000,一般认为是不可压缩的)。当炸药爆炸时,耦合介质水的压缩性很小,其积蓄能量的能力很低,可以作为一个良好的传导体,使爆炸冲击波最大限度地传递给炮孔壁,因此炸药在水中所产生的爆炸压力比在空气中高。

(2)水耦合条件下,最初压力峰值时间比空气耦合早。水的压缩性很小,而空气的压缩性较大。因此,当爆炸时,耦合介质水的势能发生很小的变化,爆炸冲击波直接作用于炮孔壁;而在耦合介质空气中爆炸时,爆炸产物首先压缩空气介质,使空气的势能达到一定的程度才开始作用于炮孔壁。

(3)水耦合条件下,压力持续时间是空气耦合的 2 倍。在耦合介质水中爆炸,压力作用时间接近 $4\mu\text{s}$;而在耦合介质空气中爆炸,压力作用时间为 $2\mu\text{s}$。

(4)水耦合条件下,单元合速度峰值是空气耦合条件下的 2.0 倍。

5.5　三孔试件计算模型

采用有限元软件 ANSYS10.0/LS-DYNA 进行数值计算。为了计算方便,将计算模型简化为平面应变状态,采用 1/4 模型进行建模,尺寸分别为 200mm×200mm×5mm,关于 x,y 两轴对称,三孔试件有限元模型见图 5-26,爆破参数见表 5-1。装药结构采用复合型切缝药包装药模型,其结构见图 5-1。模型中采用 *MAT_HIGH_EXPLOSIVE_BURN,结合*EOS_JWL 状态方程来模拟炸药爆炸过程中的压力与体积的变化。炸药采用 RDX,密度 ρ 为 1.63g/cm³,爆速 D 为 6500m/s,C-J 压力为 18.5GPa。PVC 管的密度、弹性模量和泊松比分别为 1.3g/cm³、3.1MPa 和 0.38。岩石采用塑性动力学模型 *MAT_PLASTIC_KINEMATIC,是与应变率有关和考虑失效的各向同性、随动硬化或各向同性和随动硬化的混合模型,参数见表 5-1。

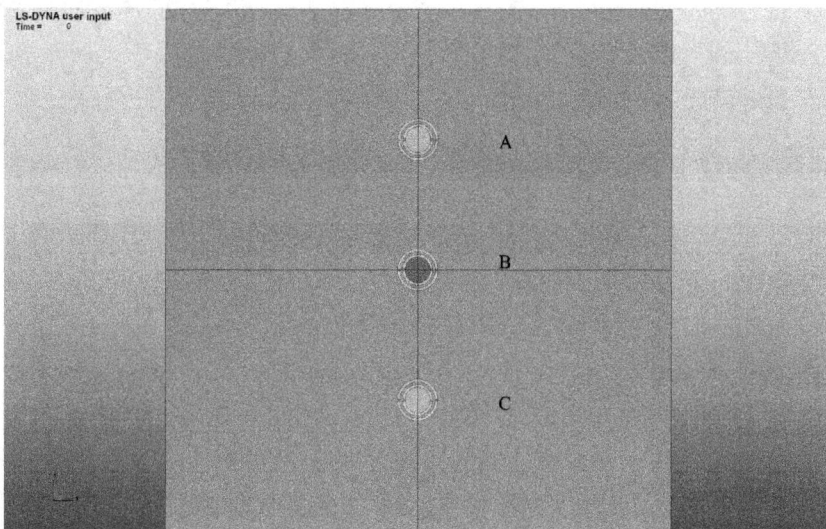

图 5-26　三孔试件有限元模型

5.5.1　爆破效果

图 5-27 给出了三孔同时起爆裂缝发展的过程图。从图 5-27(a)中可以看出,当 $T=2.2937\mu s$ 时,A、C 两孔首先在切缝方向形成裂缝;当 $T=2.6881\mu s$ 时,B 孔在切缝附近发生开裂,见图 5-27(b);当 $T=2.9895\mu s$ 时,B 孔在切缝方向开裂,并

且开裂程度较大,见图 5-27(c),最后向 A、B、C 三孔连线方向发展。裂缝发展的过程也可以从图 5-28 所示的应力三维度云图中看出,图中 B 孔附近中间区域内的单元受到拉应力的作用,说明炸药爆炸后,首先在切缝方向形成裂缝,然后向三孔连心线方向发展,见图 5-28(a),最后在向上、下边界处形成"爆破漏斗",见图 5-28(b),这符合最小抵抗线原理。

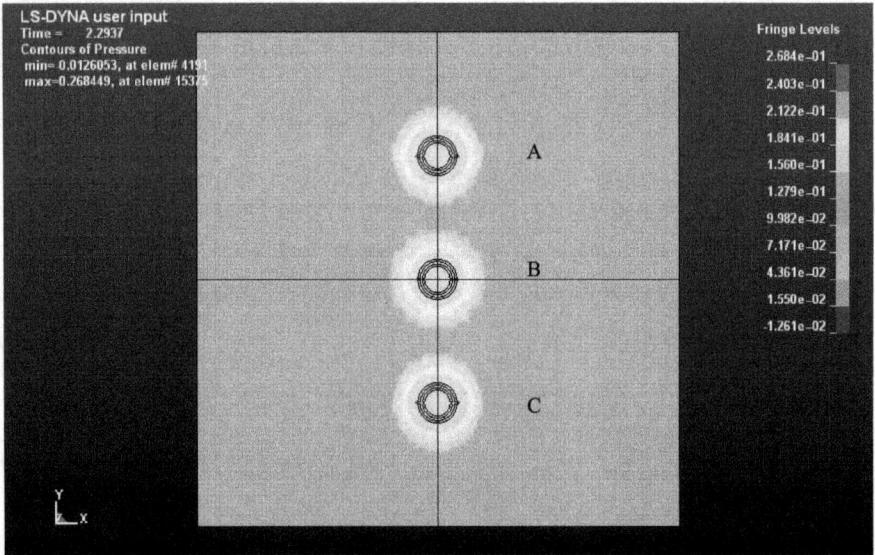

(a)

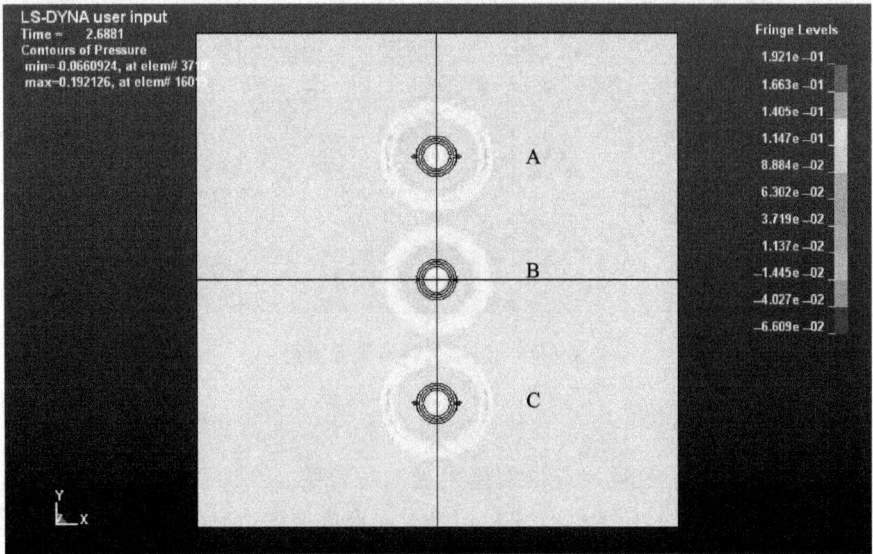

(b)

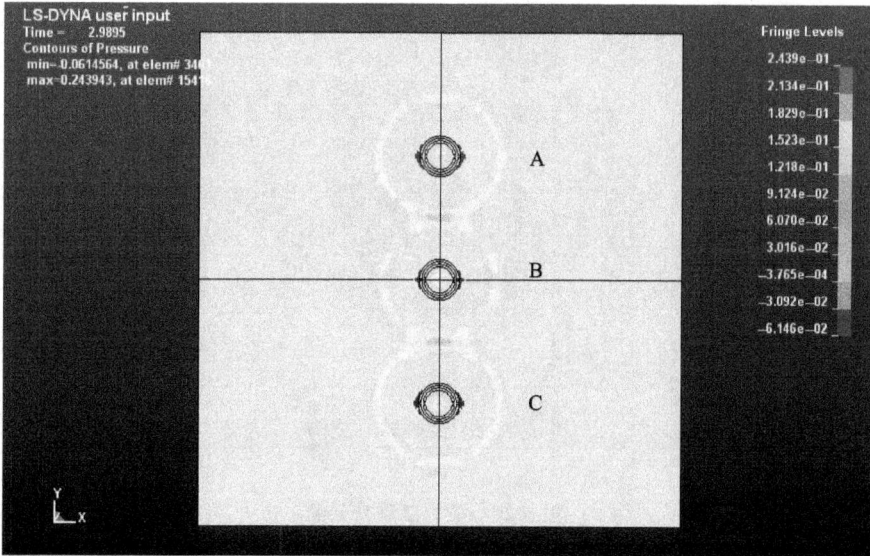

(c)

图 5-27 定向缝形成过程图

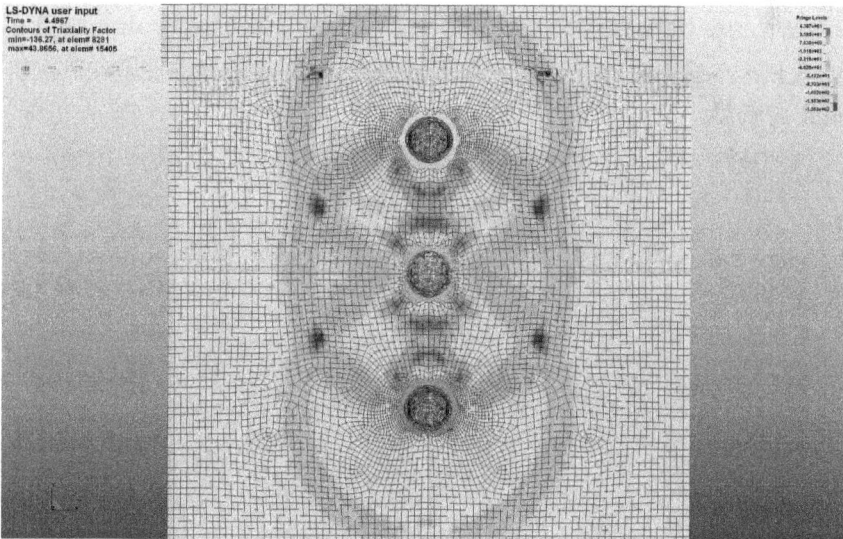

(a)

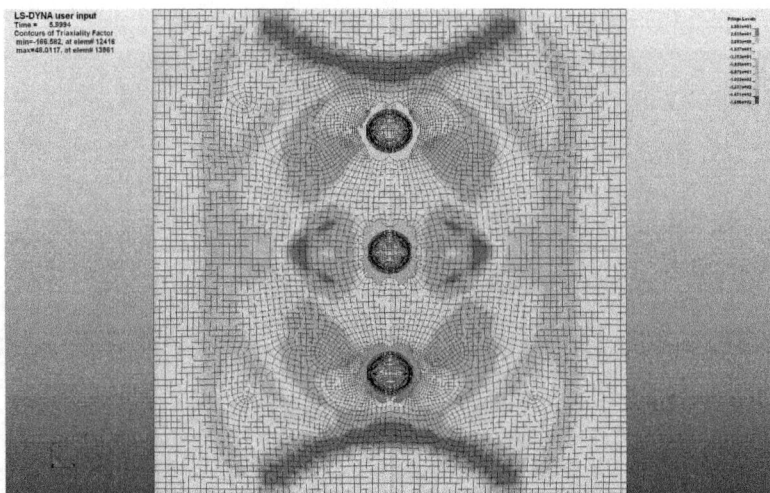

(b)

图 5-28　应力三维度云图

图 5-29 给出了三孔同时起爆裂缝形成速度矢量图。从图 5-29(a)中可以看出,当 $T=2.2937\mu s$ 时,A 、C 两孔的速度矢量图呈"壶"形,上面小下面大,而 B 孔速度矢量图呈圆形,说明 B 孔的起爆和上、下边界对 A 、C 两孔有一定的影响,使其应力场发生改变;当 $T=2.6881\mu s$ 时,高温高压的水射流在 B 孔切缝方向得到聚集,使其在切缝处形成初始裂纹,见图 5-29(b);当 $T=2.9895\mu s$ 时,高温高压的水射流在 B 孔切缝方向的能量进一步得到提高,使得 B 孔形成裂缝,即在切缝方向形成定向断裂。

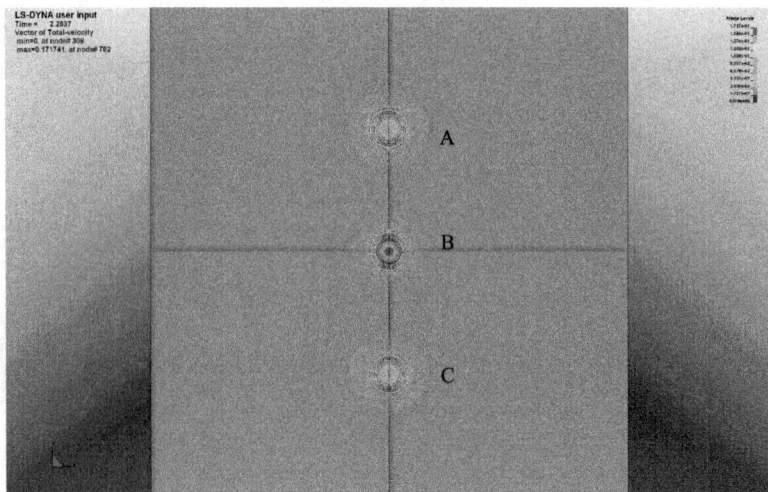

(a)

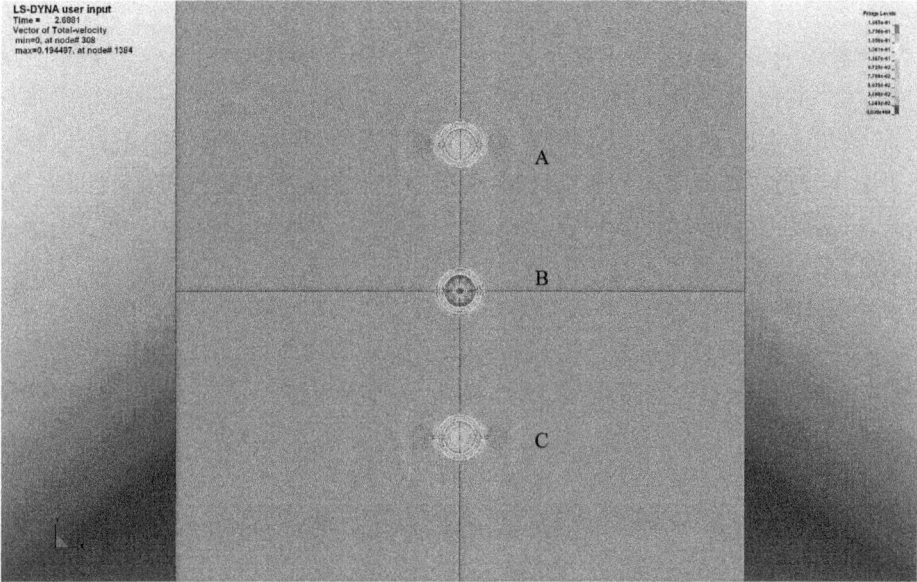

(b)

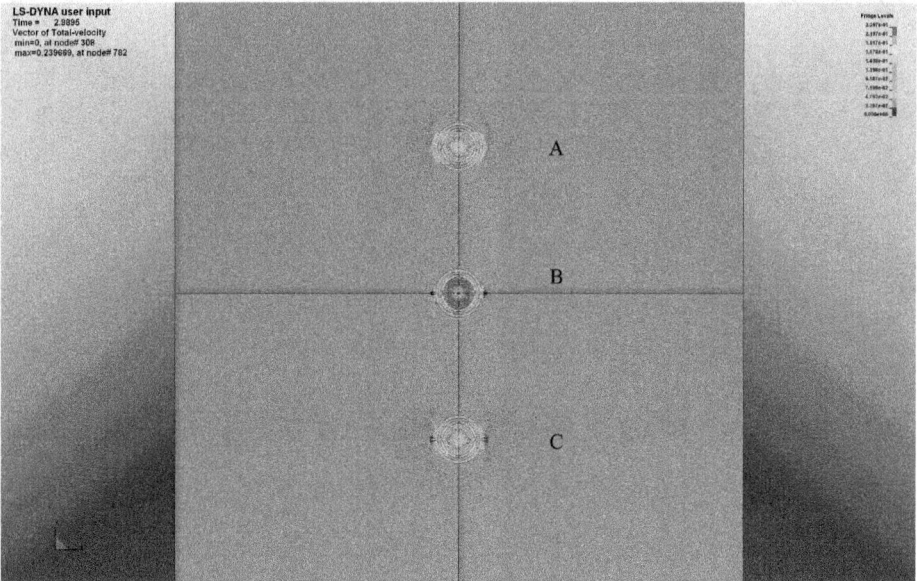

(c)

图 5-29　速度矢量图 4

5.5.2 三种时程曲线

在有限元模型中选取三单元,三单元到 B 炮孔距离相等,其位置见图 5-30。从图 5-31～图 5-33 三种时程曲线可以看出,15421 单元(A 、B 炮孔连线中点)的压力、等效塑性应变、应力三维度时程曲线都最高,如图 5-31～图 5-33 曲线 C 所示,说明爆炸冲击波在此处得到叠加,使得此处的力学性能得到很大变化;通过对比单孔试件相同位置的压力时程曲线,得到此处的压力是单孔试件压力的 3.94 倍,单孔试件与三孔试件压力对比见图 5-34。对比 15466、9916 单元,可以得到 15466 单元的各项力学参数比 9916 单元的略高,并且 15466 单元初始拉应力峰值比 9916单元的高 2.22 倍,说明在切缝方向高压水射流冲击作用后,在切缝方向形成一定的拉应力区,对于脆性岩石来说,易于发生拉断破坏,进一步形成定向断裂控制裂缝。

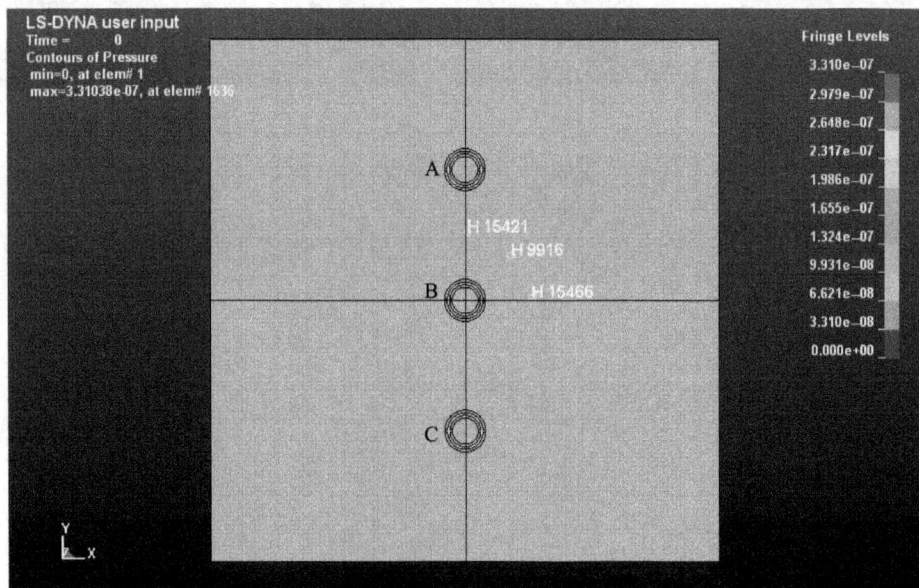

图 5-30　单元位置图 3

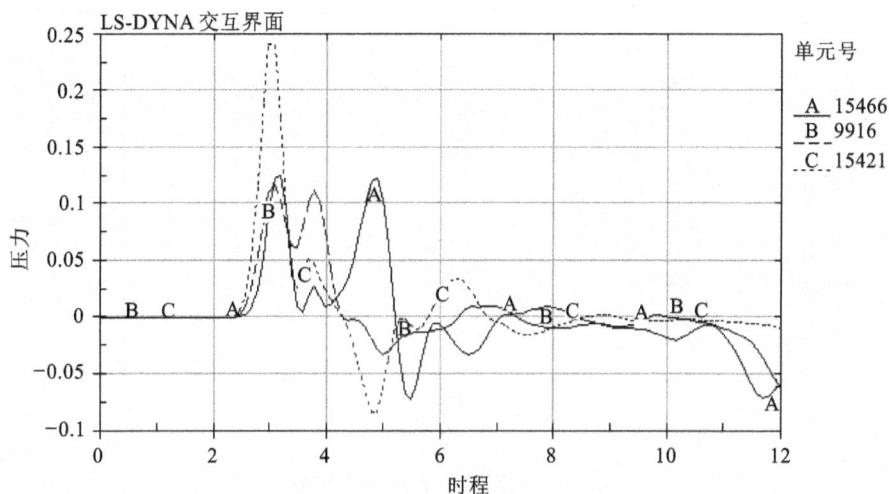

图 5-31 压力-时程曲线

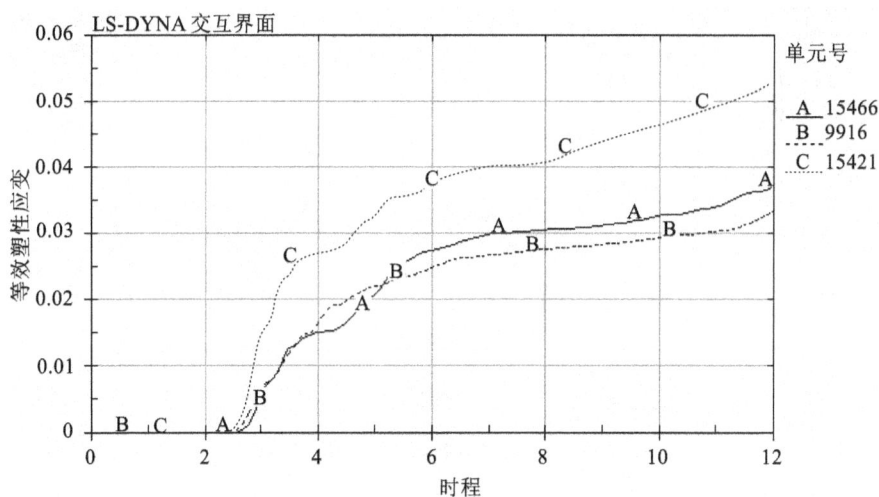

图 5-32 等效塑性应变-时程曲线 4

LS-DYNA 交互界面

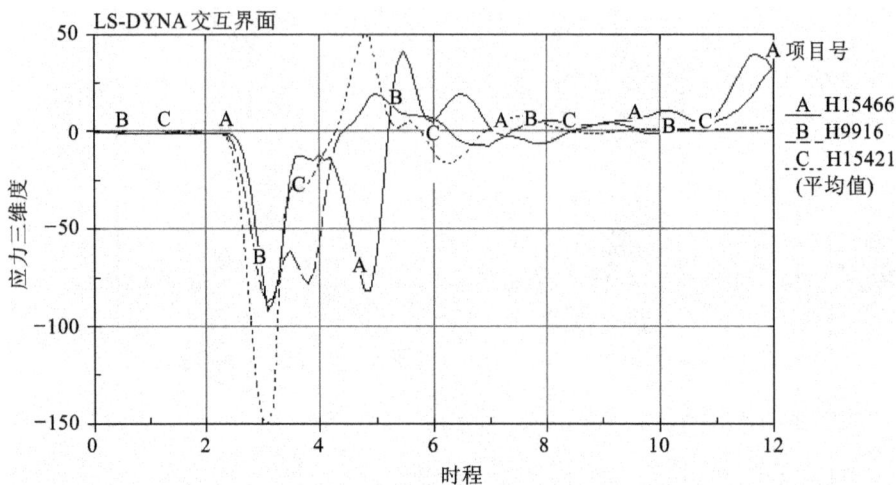

图 5-33　应力三维度-时程曲线

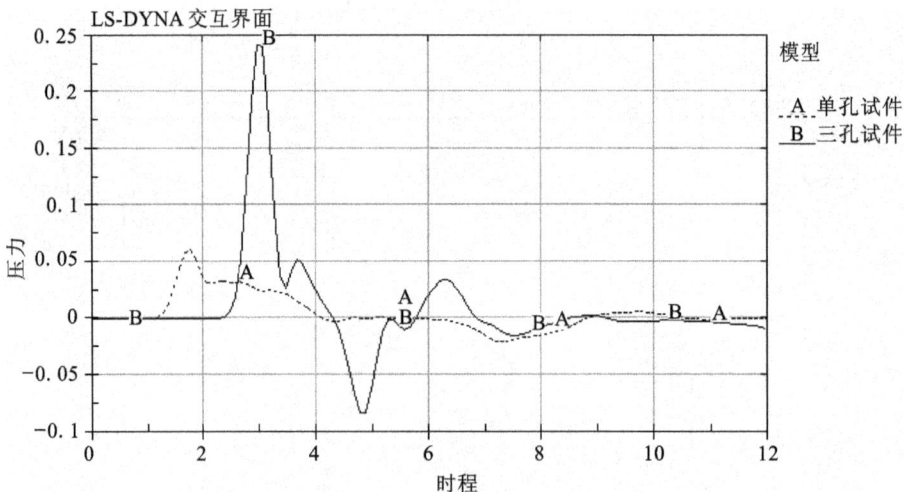

LS-DYNA 交互界面

图 5-34　单孔试件与三孔试件压力对比

5.6　小　　结

采用有限元软件 ANSYS10.0/LS-DYNA 对复合型切缝药包进行数值模拟试验研究,并对爆炸效果、各种时程曲线和两种耦合介质进行对比分析,主要得到如下结论:

(1)通过对比分析爆炸初期药包在特定方向的定向断裂效果可知,三种装药结构都能在切缝方向形成不同程度的定向断裂,具体是复合型切缝药包形成的定向断裂效果程度最高,PVC 管与炮孔耦合模型次之,PVC 管与炸药耦合模型最低。因此,复合型切缝药包在切缝方向能够形成比较理想的定向断裂效果,更符合定向断裂控制爆破的要求。

(2)通过对比分析在切缝方向和垂直切缝方向各种时程曲线可知,切缝方向的等效塑性应变比非切缝方向的大。

(3)通过对比分析复合型切缝药包、PVC 管与炸药耦合模型、PVC 管与炮孔耦合模型在非切缝方向的压力可知,复合型切缝药包在非切缝方向的压力峰值最小,故对围岩的损伤程度最小,因而复合型切缝药包是比较理想的装药结构。

(4)通过对比分析两种耦合介质的爆炸效果和切缝方向的压力和合速度时程曲线可知,复合型切缝药包采用水耦合的定向断裂效果比采用空气定向断裂效果好,并且在切缝方向的压力是空气耦合时的 1.92 倍;在耦合介质水中的压力持续时间是在耦合介质空气中的 2.0 倍;在采用耦合介质水单元的合速度是采用耦合介质空气的 2.0 倍。这与理论分析相符。

(5)通过对复合型切缝药包装药结构采用三孔同时起爆力学性能进行分析可知,复合型切缝药包在三孔同时起爆时,也能在切缝方向形成裂缝,并且在爆炸应力场叠加作用下,相同位置的单元压力是单孔试件的 3.94 倍,因此复合型切缝药包装药结构在三孔试件中也能够得到比较理想的定向效果。

6 现场爆破试验研究

6.1 工程概况

　　山西潞安矿业(集团)有限责任公司宁武煤矿,位于宁武县城西南方向40余公里处,其行政区划隶属于宁武县化北屯乡。太宁公路穿越矿区东部,自化北屯往东北同蒲铁路宁武站42km,南距静乐县城40km,距太原199km均有沥青公路,矿区内各大沟之间也有简易公路与太宁公路相连,可通行汽车,交通较为方便。

　　井田位于吕梁山北段芦芽山脉东麓,东依汾河。中生代以来的长期隆起和构造运动塑造了当今的地貌景观。芦芽山主峰高2772m,雄伟壮丽,巍然屹立于矿区以西,并连绵叠复延至区内,造成西高东低的地形。本区最高处位于矿区西部支家沟以北无名高地,海拔为1761.7m;最低处位于南部汾河谷底,海拔为1370.9m,一般主峰多在海拔1575~1675m处。其属于中低山区,最大相对高差为390.8m,一般相对高差为100~200m。

　　井田属于汾河流域,井田内沟谷多为季节性河流,平时干涸,降雨时洪水聚集,由西北向东南汇入汾河。井田属于暖大陆性气候区域,气候干燥,昼夜温差较大,四季分明。

6.1.1 地质构造

　　井田内出露地层主要为三叠系延长组、侏罗系、第四系。地层综合柱状图见图6-1。断层在井田内不发育,构造裂隙较发育。

　　① F_1断层:分布于大寮沟村之东,走向为73°~253°,倾向南东,倾角为70°~80°,断层出露长,推测长度为1300m,垂直断距为5m,为一正断层。

　　② F_2断层:分布于大寮沟村北,走向为60°~240°,倾向南东,倾角为75°~80°,断层长为500m,垂直断距小于5m,为一正断层。

　　③ 裂隙:化北屯矿区有两组裂隙较发育。其中有一组最发育,走向南东110°~130°—西北290°~310°,倾角陡,为70°~80°;另一组为走向东北34°~65°—南西214°~245°。

地层单位				组厚 最薄~最厚 平均	层厚 最薄~最厚 平均	标志层	柱状 1:500	岩性描述
系	统	组	段					
第四系	全新统	Q_4		5.90~9.92m 8.20m				冲洪积、残坡积物,主要分布于沟谷一坡
	上更新统	Q_3		2.80~9.28m 5.70m				亚砂、亚黏土,土黄色,分布于山坡及山中,汾河两岸
侏罗系	上统	云岗组	第二段 J_2y_2	107.46~143.40m 124.80m	89.92~134.46m 114.79m			主要为一套玄绿、紫红色泥岩夹不稳定中粒长石石英分层,上部含有椭球状灰岩结构,主要为紫红色泥岩夹中粗粒及椭球状碳酸盐结核与泥质
					3.87~17.54m 8.05m			灰绿色、灰色中粗粒长石石英砂岩
			第一段 J_2y_1	54.49~94.70m 80.10m	48.96~86.52m 71.50m			灰绿色泥岩夹黄绿色中厚层砂岩,上部含碳酸盐结核
					1.61~16.12m 8.72m	k		灰白色中粗粒、局部粗粒,含砾长石石英砂岩,厚层状、块状构造。多为硅质、钙质以孔隙式胶结,井田中北部、西部较厚,向南部、东部变薄
	下统	大同组	第二段 $J_1d_2^3$ J_2d_2	87.52~115.63m 98.19m	8.59~20.59m 15.77m			灰白色或深灰色粉砂岩,以粉砂质泥岩为主,夹灰白色中细粒长石砂岩,偶见灰绿色或紫红色泥岩,往往见一层煤线
					3.18~5.28m 4.43m	2#		丈八煤,黑色、褐黑色,玻璃光泽,贝壳状断口,质轻易碎,条带状结构,层理构造,内生裂隙不发育,煤岩成分以亮煤为主,其次为镜煤和暗煤,含少量丝炭,属于光亮型煤。煤层结构简单,一般不含夹石,仅在zk1003钻孔中见一薄层煤矸,属于稳定可采的中-厚煤层,煤层顶板有0.5~0.8m直接顶,为砂质页岩
					29.61~35.26m 32.43m			由灰白色或深灰色粉砂质泥岩、泥岩、中细粒长石砂岩及炭质泥岩、煤线等组成
					0.99~1.78m 1.56m	3#		七尺煤,褐黑色,沥青至玻璃光泽,较疏松,易破碎,质软,贝壳状断口,以亮煤为主,暗煤次之,属于光亮型、半亮型煤,煤层结构简单,不含夹石,区内赋存稳定
								主要由灰白色、深灰色粉砂质泥岩、泥岩、中细粒长石石英砂岩等组成,夹有较多的紫红色至褐色菱铁矿薄层

图 6-1 地层综合柱状图

113

6.1.2　煤层及煤质

本区侏罗系大同组第二段二、三亚段（$J_1d_2^2$、$J_1d_2^3$）为含煤岩系,位于云岗组底部砂岩（K 标志层）之下。$2^\#$、$3^\#$煤层均赋存于第三亚段中。

含煤地层中共见煤层 20 余层,其中唯有 $2^\#$、$3^\#$煤层为可采煤层,其余均属于不可采煤层,厚度从几厘米到 20cm 不等。

$2^\#$煤层与 $3^\#$煤层的间距为 29～35m,平均为 32.43m,层位较为稳定。

$2^\#$煤层位于大同组第二段的第三亚段（$J_1d_2^3$）,上部与云岗组（J_2y_1）底部砂岩毗邻,二者间距为 8.59～20.59m,平均为 15.77m。煤层走向为北东—南西、倾向南东,倾角平均 12°。该煤层较稳定,不含夹矸,亦无分叉现象,属结构简单煤层,厚度为 3.18～5.28m,平均厚度为 4.43m,属于稳定可采的厚煤层。

$2^\#$煤层伪顶为灰黑色炭质泥岩,粉砂质泥岩;直接顶为中-粗粒长石砂岩;老顶为粉砂岩。底板为炭质泥岩、粉砂质泥岩。

$3^\#$煤层位于大同组第二段的第三亚段中上部,$2^\#$煤层之下,两者相距平均为 33m,煤层产状与 $2^\#$煤层雷同。煤层分布较稳定,无夹矸、无分叉现象,属结构简单煤层,厚度为 0.99～1.70m,平均为 1.56m,属稳定可采的中厚煤层。

$3^\#$煤层伪顶为灰黑泥岩-黑色炭质泥岩,其上为深灰色中粒长石砂岩,底板为深灰色泥岩。

本区 $2^\#$、$3^\#$煤层,其煤质基本相同,均以混合暗亮煤亚型、混合亮煤亚型为主,镜煤、暗煤次之,黑色-亮黑色,具玻璃光泽,断口呈平坦状,节理不发育,硬度为 3.5,性脆、易碎,易燃,属于气煤 1 号、2 号和长焰煤。

6.2　现　场　试　验

6.2.1　爆破参数的经验选取法

爆破参数的理论计算结果有一定的缺陷。首先,理论计算方法虽然是建立在一定的理论基础上,但是由于客观条件的复杂性,它不可能把实际情况中影响爆破效果的各个因素都考虑进去,而只能考虑其中的主要因素,而忽略次要因素,也只有这样才使得运用理论计算成为可能,也正是由于相同的原因,其理论计算结果与实际值存在一定的差异。例如,在理论计算时,几乎无一例外地将煤岩介质当作弹性体来考虑,并且忽略其中的裂隙、节理等对其性质的影响,这必将会与实际情况存在一定的偏差。其次,在进行理论计算时,都会用到被爆介质的一些物理力学参数,如介质的抗拉、压强等,而这些数值的得到只能通过实验室利用采样试件的方法得到,而这也会与实际产生一定的偏差,这种情况不仅仅存在于理论计算方法中,凡是涉及介质力学参数的计算都存在这种偏差。

基于以上原因,在第 3 章介绍的试验爆破参数的理论计算基础上,仍有必要对其经验选择方法进行归纳、总结,以使这两种方法能够互为补充、互相促进,最终使各参数的选取更加接近于实际情况,达到预期的爆破效果。

(1)爆破影响范围的确定。

岩石中切向拉应力峰值随距离的衰减规律为

$$\sigma_{\theta\max} = \frac{bp_r}{\bar{r}^a} \tag{6-1}$$

径向裂隙是由拉应力引起的,因此以岩石抗拉强度取代上式中的切向拉应力峰值 $\sigma_{\theta\max}$ 即可求得炮孔周围径向裂隙区的半径为

$$R_p = \left(\frac{bp_r}{\sigma_t}\right)^{\frac{1}{a}} r_b \tag{6-2}$$

这里 p_r 和 b 分别为:

$$p_r = \frac{1}{8}\rho_e D_e^2 \left(\frac{r_c}{r_b}\right)^6 n$$

$$b = \frac{\mu}{1-\mu}$$

式中 R_p ——破坏区半径;

σ_t ——岩石抗拉强度;

ρ_e ——炸药密度;

D_e ——炸药爆速;

r_c ——装药半径;

r_b ——炮孔半径;

n ——爆生气体碰撞岩壁时产生的应力增大倍数,$n=8\sim11$;

α ——对应力波,其衰减指数 α 可用下列经验公式计算:

$$\alpha = 2 - \frac{\mu}{1-\mu}$$

μ ——泊松比。

煤岩的抗拉强度为 3.5MPa,采用的乳化炸药的密度为 $1.0g/cm^3$,炸药的爆速为 3000m/s,不耦合系数为 1.6。通过式(6-2)计算得到的炮孔周围径向裂隙区的半径为 0.96m。

(2)不耦合系数 K_v 的确定。

采用不耦合装药结构的目的是要降低炸药爆炸的初始压力,使炮孔壁周围的

煤岩不形成粉碎性破坏。爆破物理学指出,不耦合装药起爆后,爆炸气流从装药处以绝热状态向外膨胀,其作用于岩壁上的压力,取决于炸药的爆轰压力和不耦合系数,由此,根据炸药及煤岩的性质,可确定不耦合系数 K_v:

$$K_v = \left(\frac{8\sigma_{tt}}{\rho_0 D^2}\right)^{\frac{1}{2.6}}$$ (6-3)

式中　　σ_{tt}——孔壁煤岩的动载抗压强度,MPa。

(3)线装药密度 q_l 的确定。

这里线装药密度是指炮孔装药长度与不包括堵塞部分的炮孔长度之比。其常用的经验估计方法主要有以下几种。

① 根据煤岩强度和炮孔半径的计算公式:

$$q_l = 2.75\sigma_c^{0.53} R^{0.38}$$ (6-4)

式中　　q_l——线装药密度,g/m;

　　　　σ_c——煤岩极限抗压强度,0.1MPa;

　　　　R——爆破孔半径,mm。

② 根据煤岩抗压强度(σ_c^2)和孔距(a)的计算公式:

$$q_l = 2.75\sigma_c^{0.63} a^{0.67}$$ (6-5)

③ 根据孔径(d)和不耦合装药系数(K_v)的计算公式:

$$q_l = 0.785 d^2 K_v^2 \rho_0$$ (6-6)

(4)孔径与炸药类型的选择。

一般钻孔直径是根据工程性质及对工程质量的要求,并结合现有的设备条件来选择的。炸药类型选择得是否合适,对控制爆破效果的好坏也起着相当重要的作用。

(5)装药结构、堵塞与起爆。

装药结构形式及其相应的参数是微差脉冲加载爆破最重要、最基本的问题之一,合理的装药结构与装药参数必须保证全部装药稳定爆轰,完全传爆,并保证炮眼作用产生一定的爆破威力,而且装药工艺简单。目前,爆破的装药结构有耦合装药结构和不耦合装药结构。耦合装药爆炸时,眼壁遭受的是爆轰波的直接作用,在岩体内一般要激起冲击波,造成粉碎区,从而消耗炸药的大量能量。不耦合装药,可以降低对孔壁的冲击压力,减少粉碎区,使得应力波在岩体内的作用时间加长,这样就扩大了裂隙区的范围,炸药能量利用充分。

堵塞也是获得理想爆破效果的一个重要方面,如果堵塞长度过短而装药过高,就有造成孔口漏斗形状的危险;如果堵塞长度过长和装药过低,则难以形成理想的爆破裂隙,因此,堵塞长度通常取为炮孔直径的 12～20 倍为好。

煤矿须采用煤矿许用导爆索或雷管起爆,避免引起煤矿安全事故。为了能够顺利完成试验,对所有的试验用雷管均进行检测,以使所用雷管电阻近似相等。图 6-2 所示为试验人员正在进行雷管电阻检测。

图 6-2 雷管电阻检测

6.2.2 试验方案

试验选址在 22101 巷道,该巷道内煤层走向 235°30′,倾角 13°,平均煤厚 5.3m,容重 1.33T/m³,岩性为灰色、灰黑色砂质岩状泥岩,易碎,特别是有水时更易掉落,底板为灰色泥岩,直接顶为黄绿色细砂岩。煤内有不连续夹石两层,没有明显的断层层理,但节理比较发育,区内基本属于单斜构造。

本区段内有明显涌水区域,且顶、底板均有渗水现象,需专门排水,打眼后眼内有积水,需采用乳化炸药。所用的乳化炸药是由山西同德粉乳化工有限公司生产,该炸药的直径为 35mm,密度为 1.0g/cm³,爆速为 3000m/s。

根据化验结果,煤尘挥发性指数均在 35% 以上,煤尘火焰 400mm,故爆炸性较强。2004 年瓦斯鉴定资料表明,矿井瓦斯绝对涌出量为 4.69m³/min,相对涌出量为 6.52m³/t,属低瓦斯矿井,但在巷道掘进过程中沼气涌出量较大,且本矿曾发生过瓦斯爆炸事故,故本下山巷道必须按高瓦斯巷道进行管理。

为了获得比较好的爆破效果,并在不影响生产的前提下,在 22101 巷道所选试验点距巷道底板 1.8m 处,与煤层倾向平行处向下打直径为 65mm,深度为 20m 的爆破孔。为了检验钻孔爆破致裂效果,在炮孔周围布置 4 个检验孔。其中在爆破影响区布置 3 个检验孔,分别距爆破孔 1m(布置在爆破孔上方)、1.5m 和 0.75m(与爆破孔在同一高度),在 4.5m 处爆破影响区以外布置的 1 个检验孔,测量未扰动煤层的瓦斯涌出量和瓦斯含量,以便与爆破影响区以内的煤层进行比较。钻孔布置平面示意图见图 6-3。

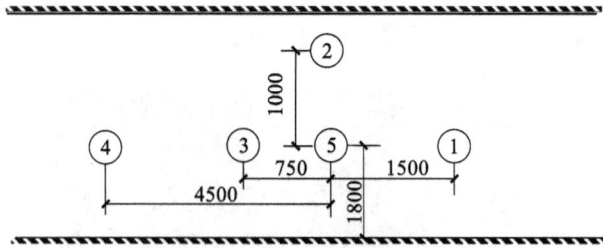

图 6-3　钻孔布置平面示意图

1,2,3,4—抽放孔；5—爆破孔

6.2.3　施工方案

（1）钻孔工序。

① 确定放炮孔和抽放孔的位置，并用石灰粉进行放样。

② 钻眼顺序为抽放孔 1→抽放孔 2→抽放孔 3→抽放孔 4→爆破孔。

③ 钻眼方法（包括抽放孔和放炮孔）为用 TXU-75（煤）钻机、$\phi = 63mm$ 的钻头打孔。

④ 注意事项：每次钻完抽放孔，立即用聚氨酯封孔。

（2）封孔措施。

先用专用的清孔管道对抽放孔进行清孔，把孔中的煤粉吹尽。在 2cm 抽放孔前端距端点 300mm 处焊上一道铁挡板，端部挡板套上长约 60mm 的木塞和橡胶垫板，以防止药液发泡膨胀时向孔内流失；在挡板另一段留 1m 长的空间，随后也套上木塞和橡胶垫板，并用铁丝加以固定，防止密封段药液向外侧流失。木塞和橡胶垫板的直径应约大于抽放孔直径，取为 74mm。在两个堵盘之间将毛巾布端头与铁管固定，以便涂药缠卷。毛巾布的长度应该根据加药后缠卷的粗细能塞进钻孔内而定。把所用的药液根据需要量倒入容器内，快速搅拌均匀，并卷缠坚实，要求操作迅速，从药液开始混合到封孔管送到位不超过 5min，因为约 5min 后药液开始发泡膨胀，在此以前要是送不到位即成废孔。在封孔之后，为了避免因晃动而影响封孔质量，钻孔口处尚需用水泥砂浆将抽放孔固定或用木楔在孔口处楔紧。具体的封孔示意图见图 6-4。

封孔完成后，分别对 4 个检验孔进行瓦斯涌出量和瓦斯浓度测定，严格记录数据备用。

（3）药包的制作。

首先把 PVC 管按图 6-5 加工成为药包外壳，用牛皮纸制作成比 PVC 管直径

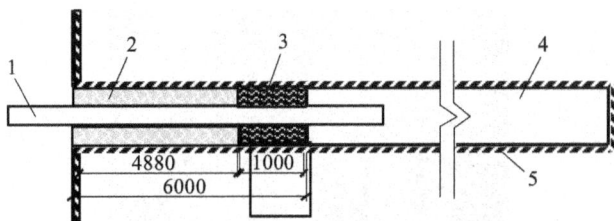

图 6-4 封孔示意图

1—抽放管;2—混凝土;3—聚氨酯毛巾布;4—爆破孔;5—炮孔壁

小 2cm 的圆筒。再把煤矿许用粉状乳化炸药装入圆筒中。同时,把雷管插入炸药里,继续装满炸药,筒口用雷管脚线包扎紧以防水。再把制作好的药卷装入事先制作好的 PVC 管中,将硬纸板制作成三角形套在药包上使其严格居中,药卷如图 6-6 所示。

图 6-5 装药管

(4)药包的安装。

把 PVC 管用接头连接起来,并把每个药包的雷管脚线加长为 $[15-(n-1)\times L_2]m(n$ 为药包的次序,从炮孔底端开始为 1、2、3…),把两个药包的两根脚线串联至第 1 个雷管脚线中的线上(图 6-7),再装第 3 个药包,如此循环直至装完为止。

具体的炮孔参数如图 6-8 所示。

图 6-6　药卷

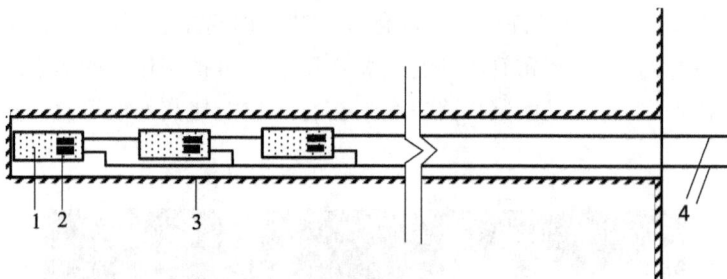

图 6-7　炮孔布置示意图

1—炸药；2—雷管；3—炮孔壁；4—导线

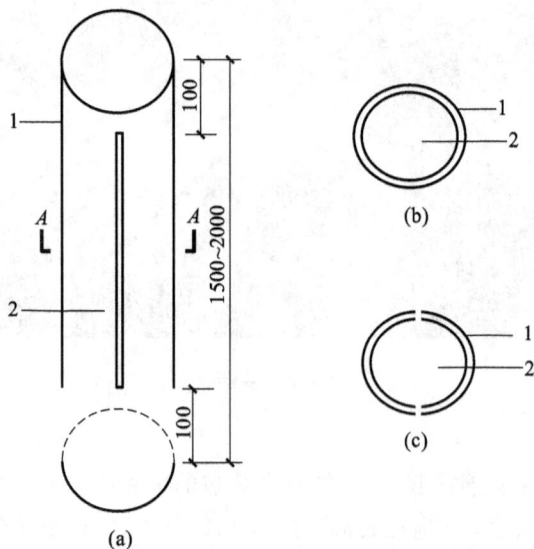

图 6-8　药包示意图

(a)药包立面图；(b)药包平面图；(c)A—A 剖面图

1—PVC 管；2—药卷

6.3　瓦斯抽放对比试验结果及分析

起爆后,经检查侧壁完好,并且工作面的瓦斯浓度也在安全范围之内。四个测试孔用胶管和孔板流量计相连,孔板流量计和特制的钢管相连,孔板流量计上、下两个测量孔用氧气管和 U 形压差计相连,具体管路布置见图 6-9。

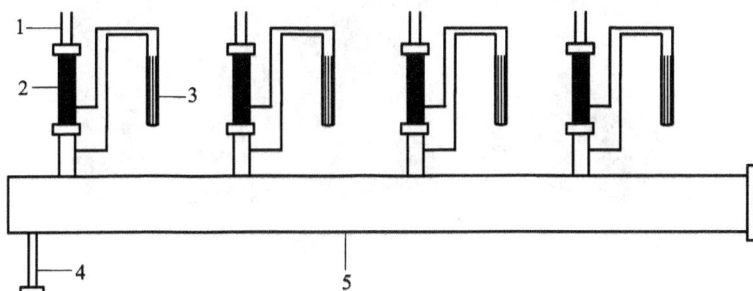

图 6-9　抽放管路示意图

1—接抽放管;2—孔板流量计;3—U 形管压差计;4—放水阀门;5—抽放总管

6.3.1　瓦斯抽放对比试验

测试时,先使用煤炭科学技术研究院有限公司抚顺分院生产的 YD-Ⅳ型水环式移动抽放泵经管路连孔板流量计进行瓦斯抽放,水环式移动抽放泵见图 6-10,抽放管见图 6-11;再用 FW-2 型高负压瓦斯采取器采取管路中的瓦斯;然后用高浓度瓦斯检测仪进行瓦斯浓度检测;接着用 U 形压差计测试管路中的压差,测量项目包括巷道温度、流量压差、瓦斯浓度、抽放负压等,其中巷道温度为 6℃;最后计算出标准纯量和瓦斯总流量。其测试过程是利用安装在抽放管中的孔板流量计,采用变压降法测定瓦斯流量。根据流体力学原理导出的瓦斯流量基本表达式为

$$Q = \frac{\mu}{\sqrt{1-\mu^2 m^2}} \times \sqrt{\frac{2g(P_1 - P_2)}{r}} \times F_0 \qquad (6-7)$$

式中, $m = \dfrac{F_0}{F_1} = \dfrac{d^2}{D^2}$; $\mu = \dfrac{F_2}{F_1}$; Q 为流量,m³/s; μ 为孔板后端气体收缩系数; m 为截面比; F_1 为管道截面面积,m²; F_2 为流体收缩处断面面积,m²; F_0 为孔板开孔断面面积,m²; d 为节流装置开孔直径,m; D 为管道直径,m; P_1 为截面Ⅰ—Ⅰ上的绝对静压力,kg/m²; P_2 为截面Ⅱ—Ⅱ上的绝对静压力,kg/m²; g 为重力加速度,9.8m/s²; r 为流体容重,kg/m²。

图 6-10　水环式移动抽放泵

图 6-11　抽放管

实际工作中,技术人员对上述公式进行整理与变换,获得如下实用公式。

$$Q_算 = \delta_1 \delta_2 \sqrt{\frac{2ga}{r_0}} \times 60 \tag{6-8}$$

式中　　r_0——混合气体容重,kg/m^3;

　　　　$Q_算$——标准状态下($760mmH_2O$,$0℃$时)纯瓦斯含量,m^3/min;

　　　　δ_1——温度校正系数;

δ_2——压力校正系数。

在炮孔四周铺设管道,进行瓦斯抽放。其中 4 孔为检验孔,1、2、3 孔为对比孔。开始抽放的第一天测试两次,以后每天测试一次,随后则视瓦斯流量变化确定测试次数,若趋于稳定,则加大测试间隔时间。现场测试数据和计算的线性瓦斯流量见表 6-1。测试结果对比图见图 6-12。

表 6-1 现场测试数据和瓦斯流量

日期	孔号	抽放负压/ mmH$_2$O	流量压差/ mmH$_2$O	瓦斯浓度/ %	标准纯量/ (m^3/min)
3 月 28 日	1	230	2.9	38	0.0119
	2	230	2.4	34	0.0113
	3	230	2.9	42	0.0121
	4	230	1.5	11	0.0063
3 月 29 日	1	175	2.8	35	0.0116
	2	175	2.2	33	0.0115
	3	175	2.7	43	0.0153
	4	175	1.2	14	0.0059
3 月 30 日	1	195	2.6	34	0.0111
	2	195	1.9	31	0.0113
	3	195	2.6	40	0.0143
	4	195	1.1	12	0.0048
3 月 31 日	1	260	2.5	31	0.0105
	2	260	1.8	31	0.0106
	3	260	2.5	37	0.0123
	4	260	1.0	14	0.0051
4 月 1 日	1	260	2.3	29	0.0108
	2	260	1.9	28	0.0102
	3	260	2.3	32	0.0117
	4	260	1.1	12	0.0041
4 月 2 日	1	260	2.0	26	0.0095
	2	260	1.9	23	0.0093
	3	260	2.0	29	0.0113
	4	260	0.7	10	0.0051

日期	孔号	抽放负压/ mmH₂O	流量压差/ mmH₂O	瓦斯浓度/ %	标准纯量/ （m³/min）
4月3日	1	260	1.9	25	0.0089
	2	260	1.8	21	0.0092
	3	260	1.9	25	0.0101
	4	260	0.7	9	0.0047
4月4日	1	260	1.6	24	0.0086
	2	260	1.7	21	0.0088
	3	260	2.3	22	0.0099
	4	260	1.0	6	0.0041
4月5日	1	300	1.6	20	0.0083
	2	300	1.9	21	0.0086
	3	300	2.2	21	0.0085
	4	300	0.9	7	0.0031
4月6日	1	320	1.4	18	0.0078
	2	320	1.5	18	0.0078
	3	320	1.6	18	0.0079
	4	320	0.8	5	0.0041

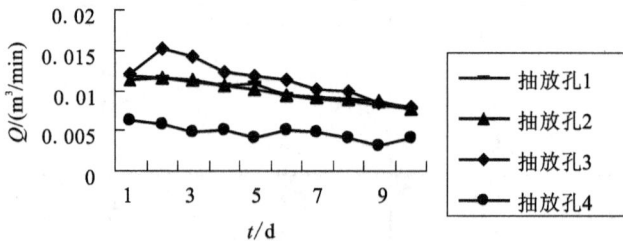

图 6-12　瓦斯流量对比

6.3.2　试验结果和分析

① 爆破后，影响范围内 1、2、3 孔抽放的瓦斯流量比较大，瓦斯浓度明显高于普通钻孔抽放，是普通钻孔抽放的 2.2～4.0 倍。

② 爆破后，影响范围内抽放孔内瓦斯随着抽放时间的加长，衰减也逐渐变快，但稳定后抽放流量是普通抽放流量的 1.79～2.98 倍。

③ 4 孔即检验孔,其瓦斯流量变化较稳定且在较小范围($0\sim0.1m^3/min$)内变化,说明煤层透气性没有大的改观。

④ 1 孔的最大瓦斯流量没有 2、3 孔的大,但比 4 孔的大,说明 1 孔也在爆破影响范围内。1、2、3 孔的最大瓦斯流量相差不大,说明它们中间形成了一定的贯通裂隙。

6.4 小 结

比较距爆破孔 4 个不同距离抽放孔的瓦斯抽放量,得出爆破影响范围内的瓦斯抽放量是对比孔的 $1.79\sim2.98$ 倍,说明采用合理装药结构爆破致裂可以提高瓦斯抽放率。

由于现场试验条件和设备的限制,只进行单孔爆破试验,对前期工作准备不足是本书研究的一大缺憾,但从单孔合成多孔的理论方面和相似模拟试验方面可以推出,采用多孔微差爆破是可以得到比较理想的爆破效果。而对于微差脉冲加载爆破合理微差时间为 10ms 的结论,需要在以后的工作中进一步探讨。

7 结论与展望

7.1 结　　论

本书采用相似模拟、理论分析、数值模拟和现场试验相结合的方法,对复合型切缝药包进行了系统性研究,主要得到以下几个方面的结论。

(1)复合型切缝药包实验室相似模拟研究得出如下结论。

① 通过单孔试件采用水、空气耦合两种不同耦合介质对两种切缝药包进行试验,对比爆破前、后损伤量和爆破效果,认为复合型切缝药包水耦合装药结构在定向方向能够起到比较理想的定向效果。

② 三孔试件通过瞬发及 0.5ms、0.75ms、1.0ms、1.5ms、2.0ms、25ms 微差爆破,对比损伤量、应变量和爆破效果,研究结果表明复合型切缝药包在合适的微差时间能够在微差爆破中改善爆破裂纹网的分布。

③ 试验测试导爆管的爆速稳定,用其长度来实现微差时间,保证了微差爆破的精确性。

(2)复合型切缝药包理论研究得出如下结论。

① 在岩石爆破断裂机理部分,通过对岩石的破坏类型分析,结合岩石在爆炸荷载作用下的断裂特点,得出岩石在爆破荷载作用下呈现脆性破坏的特点,同时得出了采用超声探伤测试试件损伤变量的依据。

② 经过理论推导得出,在炮孔周围产生弹性区和塑性区应力场的分布规律,并得出了切缝方向的应力大于非切缝方向的应力。

③ 根据爆破理论和波的反射折射理论的推导,得出复合型切缝药包切缝方向和非切缝方向炮孔壁的峰值压力计算公式,并得出在切缝方向产生的剪应力是常规药包的 1.59 倍。

④ 对比分析水耦合和空气耦合装药产生冲击波参数的大小,结合其在试件中产生应变量的大小,得出水耦合装药能够提高炸药能量利用率,提高爆轰产物对试件的作用时间,且对围岩产生的压力分布均匀等特点。

(3)复合型切缝药包数值模拟研究得出如下结论。

① 通过单孔试件复合型切缝药包、PVC 管与炮孔耦合和 PVC 管与炸药耦合三种装药结构爆破效果和力学特性分析得出,复合型切缝药包具有比较理想的定向效果。

② 在复合型切缝药包中采用水耦合和空气耦合进行对比分析得出,复合型切缝药包水耦合是比较理想的装药结构。

③ 把复合型切缝药包水耦合装药结构在三孔试件中进行测试,也能够在切缝方向形成定向断裂。

(4)通过现场试验得出如下结论。

比较距爆破孔 4 个不同距离抽放孔的瓦斯抽放量得出,爆破影响范围内的瓦斯抽放量是对比孔的 $1.79\sim2.98$ 倍,说明采用合理装药结构爆破致裂可以提高瓦斯抽放率。

7.2　展　　望

复合型切缝药包定向断裂控制爆破给切缝药包定向断裂控制爆破提供了一个更加广泛的应用前景,但影响其爆破效果的因素比较多。在有限的时间和资金条件下,研究内容还不够充分。鉴于此,以后需要从以下几个方面进行进一步的研究。

① 爆炸应力波的测试对实验仪器和测试元件要求比较高,再加上著者学识有限,在消减边界效应和爆炸应力波的反射影响方面还需要进一步探讨,在测试中起到了一定的干扰作用,在测试技术和测试手段上有待进一步提高。

② 影响复合型切缝药包定向断裂控制爆破效果的因素主要有三个,即切缝宽度、不耦合系数和切缝管材质,本书在这方面研究得不够深入,因此需要对其进行进一步研究,以揭示以上三个主要影响因素对切缝方向实现断裂、非切缝方向实现保护围岩损伤的作用。

参 考 文 献

[1] 高大钊. 岩土工程的回顾与前瞻[M]. 北京:人民交通出版社,2001.

[2] 陈秋华,吴志勇. 开挖爆破对二滩坝基岩体的影响[J]. 水电站设计,1995,11(1):29-31.

[3] 阳友奎. 断裂控制爆破中裂面控制的断裂力学分析[J]. 重庆大学学报:自然科学版,1991,14(6):91-96.

[4] Lin D. The mitigation negative effect of tunnel-blasting-induced vibrations on constructed tunnel and buildings[J]. Journal of Coal Science and Engineering (China),2011,17(1):28-33.

[5] Chen C,Zhang Y,Yan G. Response spectrum analysis of surface shallow hole blasting vibration[M]. Springer Berlin Heidelberg, 2010,105:384-389.

[6] Monjezi M,Ghafurikalajahi M,Bahrami A. Prediction of blast-induced ground vibration using artificial neural networks [J]. Tunnelling and Underground Space Technology, 2011,26(1):46-50.

[7] Mohamed M T. Performance of fuzzy logic and artificial neural network in prediction of ground and air vibrations[J]. International Journal of Rock Mechanics and Mining Sciences, 2011,48(5):845-851.

[8] Dey K,Murthy V. Delineating rockmass damage zones in blasting from in-field seismic velocity and peak particle velocity measurement[J]. International Journal of Engineering Science & Technology, 2011,3(2).

[9] Kamali M, Ataei M. Prediction of blast induced vibrations in the structures of Karoun Ⅲ power plant and dam[J]. Journal of Vibration and Control, 2011,17(4):541.

[10] Pei-Xu Y E,Xin-An Y,Bao-Lin L,et al. Vibration effects on existing tunnel induced by blasting of an adjacent cross tunnel[J]. Rock and Soil Mechanics, 2011,32(2):537-541.

[11] Gao W X,Sun W L,Deng H L,et al. Study on blasting vibration effects of shallow tunnel excavation[J]. Advanced Materials Research, 2011,250:2366-2370.

[12] Liang Q,An Y,Zhao L,et al. Comparative study on calculation

methods of blasting vibration velocity [J]. Rock Mechanics and Rock Engineering, 2011: 1-9.

[13] Wang H L, Wang L, Liu L S, et al. Influences discipline of tunnel blasting vibration on 20 floors reinforced concrete frame-shear wall structure building[J]. Advanced Materials Research, 2011,199: 874-877.

[14] Yi C P, Lu W B, Feng L, et al. Dynamical response of circular tunnel with steel lining under the action of blasting vibration[J]. Advanced Materials Research, 2011,163: 4037-4042.

[15] Hua-Feng D, Zhang G, Le-Hua W, et al. Monitoring and analysis of blasting vibration in diversion tunnel excavation[J]. Rock and Soil Mechanics, 2011,32(3): 855-860.

[16] Monjezi M, Bahrami A, Varjani A Y, et al. Prediction and controlling of flyrock in blasting operation using artificial neural network[J]. Arabian Journal of Geosciences, 2011,4(3-4):421-425.

[17] Monjezi M, Rezaei M. Developing a new fuzzy model to predict burden from rock geomechanical properties [J]. Expert Systems with Applications, 2011,38(8):9266-9273.

[18] Shenhuai L, Mengguo X, Bo C, et al. Fuzzy FMECA evaluation of stope blasting system in a metal mine[C]. Gold, 2011.

[19] Bahrami A, Monjezi M, Goshtasbi K, et al. Prediction of rock fragmentation due to blasting using artificial neural network[J]. Engineering with Computers, 2011: 1-5.

[20] 肖汉甫. 实用爆破技术[M]. 武汉:中国地质大学出版社,2009.

[21] 张志呈. 定向断裂控制爆破[M]. 重庆:重庆出版社,2000.

[22] 高尔新,杨仁树. 爆破工程[M]. 北京:中国矿业大学出版社,1999.

[23] 蒲传金,郭学彬,肖正学,等. 岩土控制爆破的历史与发展现状[J]. 爆破, 2008,25(3): 42-46.

[24] 杨永琦,戴俊,单仁亮,等. 岩石定向断裂控制爆破原理与参数研究[J]. 爆破器材,2000,29(6): 24-28.

[25] Foster C L N, Cox S H. A treatise on ore and stone mining[M]. London: Charles Griffin & Co, 1905.

[26] Fourney W L, Barker D B, Holloway D C. Model studies of well stimulation using propellant charges[J]. International Journal of Rock Mechanics & Mining Sciences & Geomechanics Abstracts,1983,20(2):91-101.

［27］Barker L M. A simplified method for measuring plane strain fracture toughness［J］. Engineering Fracture Mechanics，1977，9(2)：361，IN5，364-365，IN6，369.

［28］杨仁树，宋俊生. 切槽孔爆破机理模型试验研究［J］. 煤炭学报，1995，20(2)：197-200.

［29］Fourney W L，Dally J W，Holloway D C. Controlled blasting with ligamented charge holders［J］. International Journal of Rock Mechanics & Mining Sciences & Geomechanics Abstracts，1978，15(3)：121-129.

［30］Williams M L. On the stress distribution at the base of a stationary crack［J］. Asme Journal of Applied Mechanics，1956，24：109-114.

［31］Williams M L. Stress singularities resulting from various boundary conditions in angular corners of plates in extension［J］. Journal of Applement Mechanics，1952，19(4)：526-528.

［32］Persson P A，Lundborg N，Johannsson C H. The basic mechanisms in rock blasting［R］. 1970.

［33］肖正学，郭学彬. 切槽爆破在爆炸冲击波和爆轰气体作用下的力学效应［J］. 岩石力学与工程学报，1998，17(6)：650-654.

［34］王艳梅，李成芳. 螺旋孔和圆孔切槽爆破的对比分析［J］. 重庆建筑，2005(11)：51-53.

［35］肖正学，郭学彬. 切槽爆破中切槽参数的研究［J］. 四川冶金，1998，20(2)：1-4.

［36］宗琦. 岩石炮孔预切槽爆破断裂成缝机理研究［J］. 岩土工程学报，1998，20(1)：30-33.

［37］王成端. 预制 V 形裂纹尖端应力强度因子的研究［J］. 应用数学和力学，1992，13(5)：469-477.

［38］解文彬，周翔. 切槽爆破技术在汉白玉石材开采中的应用研究［J］. 爆破，2007，24(2)：45-48.

［39］Zhu Z，Mohanty B，Xie H. Numerical investigation of blasting-induced crack initiation and propagation in rocks［J］. International Journal of Rock Mechanics and Mining Sciences，2007，44(3)：412-424.

［40］Zhu Z，Xie H，Mohanty B. Numerical investigation of blasting-induced damage in cylindrical rocks［J］. International Journal of Rock Mechanics and Mining Sciences，2008，45(2)：111-121.

［41］Cho S H，Kaneko K. Influence of the applied pressure waveform on the dynamic fracture processes in rock[J]. International Journal of Rock Mechanics and Mining Sciences，2004,41(5)：771-784.

[42] Ma G W, An X M. Numerical simulation of blasting-induced rock fractures[J]. International Journal of Rock Mechanics and Mining Sciences，2008,45(6)：966-975.

[43] Mohanty B. Explosion generated fractures in rock and rock-like materials[J]. Engineering Fracture Mechanics，1990,35(4-5)：889-898.

[44] 王树魁,贝静芬. 成型装药原理及其应用[M]. 北京：兵器工业出版社,1992.

[45] Birkhoff G,Macdougall D P,Pugh E M,et al. Explosives with lined cavities[J]. Journal of Applied Physics, 1948,19(6)：563-582.

[46] Pugh E M,Eichelberger R J,Rostoker N. Theory of jet formation by charges with lined conical cavities[J]. Journal of Applied Physics, 1952,23(5)：532-536.

[47] 何满潮,曹伍富,单仁亮,等. 双向聚能拉伸爆破新技术[J]. 岩石力学与工程学报，2003,22(12)：2047-2051.

[48] Hayes G A. Linear shaped-charge (LSC) collapse model[J]. Journal of Materials Science，1984,19(9)：3049-3058.

[49] Curtis J P. Axisymmetric instability model for shaped charge jets[J]. Journal of Applied Physics，1987,61(11)：4978-4985.

[50] Hirsch E. The natural spread and tumbling of the shaped charge jet segments[J]. Propellants,Explosives,Pyrotechnics，1981,6(4)：104-111.

[51] Held M. Dynamic plate thickness of ERA sandwiches against shaped charge Jets[J]. Propellants,Explosives,Pyrotechnics，2004,29(4)：244-246.

[52] Held M. Shaped charge optimisation against bulging targets[J]. Propellants,Explosives,Pyrotechnics，2005,30(5)：363-368.

[53] 陈开翔. 聚能爆破在某露天矿的应用与研究[J]. 化工矿物与加工，2008,37(8)：28-30.

[54] 李新会,高频. 环状聚能爆炸切割器水下性能研究[J]. 爆破，2008,25(4)：79-81.

[55] 郭德勇,宋文健,李中州,等. 煤层深孔聚能爆破致裂增透工艺研究[J]. 煤炭学报，2009,34(8)：1086-1089.

[56] 陈清运,邓雄,刘美山,等. 采用聚能爆破技术治理岩爆灾害的试验研究[J]. 黄金，2011,32(3)：29-32.

[57] 郭德勇,裴海波,宋建成,等. 煤层深孔聚能爆破致裂增透机理研究[J]. 煤炭学报,2008,33(12):1381-1385.

[58] 江德安,李晓杰,闫鸿浩. 一种新型聚能爆破切割水下废弃油井方法的探索[J]. 爆破器材,2008,37(3):7-10.

[59] 马旭峰. 聚能预裂爆破与边坡稳定性分析[J]. 辽宁科技大学学报,2008,31(1):53-56.

[60] 罗勇,崔晓荣,沈兆武. 聚能爆破在岩石控制爆破技术中的应用研究[J]. 力学季刊,2007,28(2):234-239.

[61] 王耀华,蔡立艮,周春华,等. 大型钢结构物聚能切割爆破预处理分析与应用[J]. 解放军理工大学学报:自然科学版,2007,8(2):166-171.

[62] 刘文革,题正义,黄文尧. 轴对称聚能药管及其聚能效应[J]. 辽宁工程技术大学学报,2006,25(增刊):126-128.

[63] 何广沂. 青藏高原多年冻土地带爆破研究[J]. 中国工程科学,2001,3(6):57-64.

[64] Yong L. Study on application of shaped charge in controlled rock mass blasting technology [J]. Journal of Disaster Prevention and Mitigation Engineering, 2007,27(1):57-62.

[65] 肖正学,陆忞,陆渝生,等. 切缝宽度对药包爆炸效应影响的动光弹试验[J]. 解放军理工大学学报:自然科学版,2006,7(4):371-375.

[66] 肖正学,陆渝生,张志程,等. 切缝药包聚能效应的动光弹试验[J]. 解放军理工大学学报:自然科学版,2005,6(5):447-450.

[67] 姜琳琳. 切缝药包定向断裂爆破机理与应用研究[D]. 北京:中国矿业大学,2010.

[68] 蒲传金,张志呈,郭学彬,等. 切缝药包爆破的研究现状和存在的问题[J]. 四川冶金,2006,28(4):1-5.

[69] 张志呈,肖正学,胡健. 岩石断裂控制爆破切缝药管的参数研究[J]. 化工矿物与加工,2006,35(11):15-18.

[70] 罗勇,沈兆武. 切缝药包岩石定向断裂爆破的研究[J]. 振动与冲击,2006,25(4):155-158.

[71] 刘永胜,傅洪贤,王梦恕,等. 水耦合定向断裂装药结构试验及机理分析[J]. 北京交通大学学报:自然科学版,2009,33(1):109-112.

[72] 张志雄,郭银领,李林峰. 切缝药包爆破裂纹扩展机理研究[J]. 工程爆破,2007,13(2):11-14.

[73] 李显寅,蒲传金,肖定军. 论切缝药包爆破的剪应力作用[J]. 爆破,

2009,26(1):19-21.

[74] 杨小林,梁为民. 不耦合装药爆炸作用机理及试验研究[J]. 煤炭学报,1998,23(2):130-134.

[75] 蒲传金,张志呈,郭学彬,等. 不耦合装药爆破对孔壁岩石损伤破坏的声波分析[J]. 中国钨业,2006,21(1):19-22.

[76] 蒲传金,郭学彬,张志呈,等. 切缝药包爆破机理分析与试验研究[J]. 爆破,2006,23(1):33-35.

[77] 肖正学,张志呈,郭学彬. 断裂控制爆破裂纹发展规律的研究[J]. 岩石力学与工程学报,2002,21(4):546-549.

[78] 李彦涛,杨永琦. 切缝药包爆破模型及生产试验研究[J]. 辽宁工程技术大学学报:自然科学版,2000,19(2):116-118.

[79] 蒋金科. 定向断裂控制爆破技术在软岩巷道掘进中的应用[J]. 建井技术,2006,27(3):15-16.

[80] 梁为民,刘永胜,杨小林,等. 定向断裂爆破装药结构实验研究[J]. 煤炭学报,2006,31(6):765-769.

[81] 张玉明,张奇,白春华. 切缝药包成缝机理及参数优化[J]. 煤炭科学技术,2001,29(12):32-35.

[82] 王树仁,魏有志. 岩石爆破中断裂控制的研究[J]. 中国矿业学院学报,1985,14(3):118-125.

[83] 戴俊,王代华,熊光红,等. 切缝药包定向断裂爆破切缝管切缝宽度的确定[J]. 有色金属,2004,56(41):110-113.

[84] 杨仁树,姜琳琳,杨国梁,等. 煤岩定向断裂控制爆破数值模拟[J]. 煤矿安全,2009,40(7):14-16.

[85] 蒲传金,郭学彬,肖正学,等. 切缝护壁爆破机理及动态光弹试验[J]. 矿业研究与开发,2009(1):71-74.

[86] 蒲传金,郭学彬,肖正学,等. 护壁爆破动态应变测试及分析[J]. 煤炭学报,2008,33(10):1163-1167.

[87] 蒲传金,肖正学,张志呈,等. 护壁爆破新技术[J]. 中国工程科学,2009,11(8):88-92.

[88] 谢华刚,梁为民,杨小林,等. 复合型切缝药包爆破试验研究[J]. 爆破,2006,23(1):10-13.

[89] 谢华刚,阮怀宁,吴玲丽,等. 复合型切缝药包机理分析及微差爆破试验[J]. 煤炭学报,2010,35(S1):68-71.

[90] 李彦涛,杨永琦. 切缝药包爆破模型及生产试验研究[J]. 辽宁工程技术

大学学报：自然科学版，2000，19(2)：116-118.

[91] 田运生，杨仁树. 切缝药包定向断裂爆破技术在岩巷中的应用[J]. 建井技术，1997，18(6)：10-12.

[92] 张玉明，员永峰，张奇. 切缝药包破岩机理及现场应用[J]. 爆破器材，2001，30(5)：5-8.

[93] Dugdale D S. Yielding of steel sheets containing slits[J]. Journal of the Mechanics and Physics of Solids，1960，8(2)：100-104.

[94] Barenblatt G I. The mathematical theory of equilibrium cracks in brittle fracture[J]. Advances in Applied Mechanics，1962，7：55-129.

[95] Taylor L M，Chen Joel S. Microcrack-induced damage accumulation in brittle rock under dynamic loading[J]. Computer Methods in Applied Mechanics and Engineering，1986，55(3)：301-320.

[96] Minchinton A，Lynch P M. Fragmentation and heave modelling using a coupled discrete element gas flow code[J]. Fragblast，1997，1(1)：41-57.

[97] 金乾坤，高文学. 水平边界条件下深孔微差爆破的数值模拟[J]. 北京理工大学学报，1999，19(3)：301-305.

[98] 陈士海. 深孔水压爆破装药结构与应用研究[J]. 煤炭学报，2000，25(增刊)：112-116.

[99] 宗琦，罗强. 炮孔水耦合装药爆破应力分布特性试验研究[J]. 实验力学，2006，21(3)：393-398.

[100] Isakov A L. Directed fracture of rocks by blasting[J]. Journal of Mining Science，1983，19(6)：479-488.

[101] 张强. 水耦合爆破机理及参数计算[J]. 新疆有色金属，1997(4)：21-23.

[102] 王绍鑫，张松林. 水介质控制爆破及降低粉矿率的研究[J]. 山东冶金，1991，13(3)：1-4.

[103] 宗琦，刘盛贤. 立井深孔光爆水不耦合装药和水柱装药[J]. 煤炭科学技术，1996，24(7)：23-25.

[104] 董典志，齐俊峰. 深孔底部水介质爆破试验及机理探讨[J]. 露天采煤技术，1998(1)：27-28.

[105] 谢木栅. 孔底水耦合深孔微差爆破[J]. 爆破，1999，16(4)：116-118.

[106] 朱礼臣，孙咏. 深孔水耦合爆破开挖沟槽[J]. 工程爆破，2000，6(2)：67-69.

[107] 陈静曦. 应力波对岩石断裂的相关因素分析[J]. 岩石力学与工程学

报，1997,16(2)：148-154.

[108] 王伟,李小春,石露,等. 深层岩体松动爆破中不耦合装药效应的探讨[J]. 岩土力学，2008,29(10)：2837-2842.

[109] 王作强,陈玉凯. 水耦合装药对露天深孔爆破效果影响的探讨[J]. 轻金属，2007(9)：6-8.

[110] 颜事龙,徐颖. 水耦合装药爆破破岩机理的数值模拟研究[J]. 地下空间与工程学报，2005,1(6)：921-924.

[111] 郑文豫,陈玉超,贾虎. 水耦合装药爆破破岩范围的计算[J]. 南阳师范学院学报，2008,7(9)：35-37.

[112] 梁为民,黄小广,杨小林,等. 水耦合炮孔毫秒爆破成缝试验研究[J]. 河南理工大学学报：自然科学版，2007,26(4)：419-423.

[113] 刘永胜,傅洪贤,王梦恕,等. 水耦合定向断裂装药结构试验及机理分析[J]. 北京交通大学学报：自然科学版,2009,33(1)：109-112.

[114] 朱礼臣,孙咏. 深孔水耦合沟槽爆破[J]. 爆破，1999,16(4)：113-115.

[115] 罗云滚,罗强,宗琦. 炮孔水耦合装药爆破破岩机理研究[J]. 安徽理工大学学报：自然科学版,2004,24(B05)：60-63.

[116] 宗琦,李永池,徐颖. 炮孔水耦合装药爆破孔壁冲击压力研究[J]. 水动力学研究与进展：A辑，2004,19(5)：610-615.

[117] 张铁岗. 矿井瓦斯综合治理技术[M]. 北京：煤炭工业出版社,2001.

[118] 煤炭科学研究院抚顺研究所. 煤矿抽放瓦斯技术译文集[Z]. 北京：煤炭工业出版社,1984.

[119] 魏宏轩,何庆志. 煤矿炮采面微差爆破机理的探讨[J]. 爆破，1994(2)：62-64.

[120] 吴腾芳,王凯,倪荣福. 微差爆破间隔时间计算模型的探讨[J]. 工程爆破，1997,3(4)：59-62.

[121] Starfield A M, Pugliese J M. Compression waves generated in rock by cylindrical explosive charges: A comparison between a computer model and field measurements[J]. International Journal of Rock Mechanics & Mining Sciences & Geomechanics Abstracts,1968;5(1);65-77.

[122] 凌同华,李夕兵. 基于小波变换的时-能分布确定微差爆破的实际延迟时间[J]. 岩石力学与工程学报，2004,23(13)：2266-2270.

[123] 姜有. 微差爆破技术在巷道掘进中的应用[J]. 煤炭工程师，1998,2(5)：47-48.

[124] 李蒲姣,谢圣权. 中深孔微差爆破参数优化在某露天矿开采中的应用[J].

铀矿冶，2001,20(002)：79-84.

[125] 史太禄,李保珍. 微差间隔时间、药量分布及测距对爆破震动的影响[J]. 工程爆破，2003,9(4)：10-13.

[126] 徐颖,刘积铭,付菊根. 井巷掘进微差爆破合理间隔时间模型试验研究[J]. 工程爆破，1996,2(3)：14-18.

[127] Wyllie M,Gregory A R,Gardner G. An experimental investigation of factors affecting elastic wave velocities in porous media[J]. Geophysics,1958,23(3)：459.

[128] Rzhevsky V, Novik G. The physics of rocks [M]. Moscow：Mir,1971.

[129] Birch F. The velocity of compressional waves in rocks to 10 kilobars, part 2[J]. Journal of Geophysical Research，1961,66(7)：2199-2224.

[130] Youash Y Y. Dynamic physical properties of rocks：part Ⅱ, experimental results[J]. International Society of Rock Mechanics,Proceedings,1970,1(1-19).

[131] Rinehart J S. Stress transients in solids[J]. Hyperdynamics，1975.

[132] Birch A F. Elasticity of igneous rocks at high temperatures and pressures[J]. Geological Society of America Bulletin. 1943,54(2)：263.

[133] 张志呈. 岩石断裂控制爆破的裂纹扩展[J]. 西南工学院学报，2000,22(3)：6-11.

[134] 杨仁树,杨永琦,李清. 应用动光弹研究同段与微差爆破机理[J]. 矿冶工程，1995,15(4).

[135] Brune J N. Tectonic stress and the spectra of seismic shear waves from earthquakes [J]. Journal of Geophysical Research，1970, 75 (26)：4997-5009.

[136] Stump B. Physical constraints on seismic waves from chemical and nuclear explosions[R]. Physical Constraints on Seismic Waves from Chemical & Nuclear Explosions,1992.

[137] 倪红坚,王瑞和. 脉冲射流破岩规律的数值试验[J]. 石油钻探技术，2002,30(6)：15-17.

[138] 王启广,谢锡纯. 煤岩截割试件的相似模拟研究[J]. 矿山机械，1994(008)：5-8.

[139] 李鸿昌. 矿山压力的相似模拟试验[M]. 北京：中国矿业大学出版社,1988.

[140] 冯叔瑜. 控制爆破[M]. 北京：铁道出版社,1980.

[141] 段绍伟. 切缝尺寸对大理岩动态断裂韧度的影响[J]. 湘潭矿业学院学报, 1997,12(3)：91-94.

[142] 高尔新,杨仁树. 爆破工程[M]. 北京：中国矿业大学出版社,1999.

[143] 杨军,金乾坤. 应力波衰减基础上的岩石爆破损伤模型[J]. 爆炸与冲击, 2000,20(3)：241-246.

[144] 周维垣. 岩石力学数值计算方法[M]. 北京:中国电力出版社,2005.

[145] 陈颙. 岩石物理学[M]. 北京:中国科学技术大学出版社,2009.

[146] Vakulenko A A, Kachanov M L. Continuum theory of medium with cracks[J]. Mekhanika Tverdogo Tela, 1971,6(4)：159-166.

[147] Budiansky B, O'Connell R J. Elastic moduli of a cracked solid* [J]. International Journal of Solids and Structures, 1976,12(2)：81-97.

[148] Murakami S. Notion of continuum damage mechanics and its application to anisotropic creep damage theory[J]. Journal of Engineering Materials and Technology, 1983,105：99.

[149] Dougill J W. Some remarks on path independence in the small in plasticity[J]. Quarterly of Applied Mathematics, 1975,32：233-243.

[150] Krajcinovic D, Service S O. Damage mechanics[J]. Mechanics of Materials,1989,8(2):117-197.

[151] Wittmann F H. Structure and mechanical properties of concrete[J]. The Architectural Reports of the Tohoku University, 1983,22：93-112.

[152] 黄克智,余寿文. 弹塑性断裂力学[M]. 北京:清华大学出版社,1985.

[153] 周维垣. 高等岩石力学[M]. 北京:水利电力出版社,1990.

[154] 杨军,王树仁. 岩石爆破分形损伤模型研究[J]. 爆炸与冲击, 1996,16(1)：5-10.

[155] 杨小林,王树仁. 岩石爆破损伤断裂的细观机理[J]. 爆炸与冲击, 2000,20(3)：247-252.

[156] 曹树刚,李勇,刘延保,等. 深孔控制预裂爆破对煤体微观结构的影响[J]. 岩石力学与工程学报, 2009,28(4)：673-678.

[157] 徐芝纶. 弹性力学简明教程[M]. 北京：高等教育出版社,2002.

[158] 亨利奇,熊建国. 爆炸动力学及其应用[M]. 北京:科学出版社,1987.

[159] 宗琦. 装药结构对孔壁压力影响的理论探讨[J]. 矿冶工程,2006,26(5)：9-12.

[160] 梁为民,杨小林,余永强,等. 定向断裂控制爆破理论与技术应用[J].

辽宁工程技术大学学报：自然科学版,2006,25(5)：702-704.

[161] 徐小荷. 岩石破碎学[M]. 北京：地质出版社,1990：353.

[162] 戴俊. 岩石动力学特性与爆破理论[M]. 北京：冶金工业出版社,2002.

[163] Iphar M,Yavuz M,Ak H. Reply to the discussion on "Prediction of ground vibrations resulting from the blasting operations in an open pit mine by adaptive neuro-fuzzy inference system" by Yavuz Karsavran[J]. Environmental Earth Sciences, 2010,60(6)：1343-1345.

[164] Donze F V,Bouchez J,Magnier S A. Modeling fractures in rock blasting[J]. International Journal of Rock Mechanics and Mining Sciences, 1997,34(8)：1153-1163.

[165] 刘永胜. 爆炸水射流定向断裂控制爆破研究[D]. 焦作：河南理工大学,2006.

[166] 张继春,高金石,杨军. 岩体爆破成缝机理的应用[J]. 爆破, 1989(4)：55-63.

[167] 袁绍国. 控制爆破理论与实践[M]. 天津：天津大学出版社,2007.

[168] 鲍姆,斯达纽柯维奇,谢赫捷尔. 爆炸物理学[M]. 北京：科学出版社,1963.

[169] 张守中. 爆炸与冲击动力学[M]. 天津：兵器工业出版社,1993.

[170] 龙维祺. 特种爆破技术[M]. 北京：冶金工业出版社,1993.

[171] 钟冬望. 水孔预裂爆破机理研究[M]. 北京：冶金工业出版社,2004.

[172] 尚晓江. ANSYS/LS-DYNA 动力分析方法与工程实例[M]. 北京：中国水利水电出版社,2006.

[173] 张乐乐,谭南林,焦凤川. ANSYS 辅助分析应用基础教程[M]. 北京：清华大学出版社,2006.

[174] Wang T,Yu W L,Dong S Q,et al. Influence of the cell wall thickness of core on the dynamic response of square honeycomb sandwich plate subjected to blast loading[J]. Advanced Materials Research, 2011,160：1732-1737.

[175] Shao X N,Xu Y,Wang H B. Influence of blasting vibration on roadway loose range[J]. Advanced Materials Research, 2011,243：2518-2522.

[176] Gong X B,Li C M,Yang J G. Comparative analysis between dynamic simulation and practical result of demolition of building structures by blasting[J]. Advanced Materials Research, 2011,243：6216-6220.

[177] Li Y S Z J,Lianchun Z,Ruizhi W. Numerical simulation on blasting effect of different charge length in blasting of an open pit coal mine[J]. Modern

Mining, 2011.

[178] Tian L, Wang H. Numerical analysis for progressive collapse of a multi-storey building due to an explosion in its basement[J]. Advanced Materials Research, 2011,250: 3115-3119.

[179] Xiangyu M, Hui Y, Huien L I, et al. Numerical simulation of propagation rules of blast shock wave in the building cluster [J]. Sichuan Building Science, 2011.

[180] Wang C Q, Gu S B, Wei Z J, et al. DYNA Numerical experiment on long-term stability of strip pillar in deep mine[J]. Advanced Materials Research, 2011,217: 1520-1524.

[181] Liu H Y, Wang M. Numerical analysis of damage to retained rock mass of dam foundation caused by blasting excavation[J]. Advanced Materials Research, 2011,255: 4256-4261.

[182] Zhong D W, Wu L, Yu G, et al. Study on effect of tunnelling blasting on existing adjacent tunnel[J]. Materials Research Innovations, 2015,15(sup 1): s513-s516.

[183] Zhang X H, Wu Y Y, Wang J. Numerical simulation for failure modes of reinforced concrete beams under blast loading [J]. Advanced Materials Research, 2011,163: 1359-1363.

[184] Zong Q, Yan L P, Wang H B. Numerical simulation analysis on explosion stress field of different charge construction[J]. Advanced Materials Research, 2011,250: 2612-2616.

[185] Hou Y L, Jiao Y F, Wei X Y. Dynamic response of RC column with different constraints under blast load[J]. Advanced Materials Research, 2011, 243: 860-864.

[186] Zakrisson B, Wikman B, Haggblad H A. Numerical simulations of blast loads and structural deformation from near-field explosions in air [J]. International Journal of Impact Engineering, 2011,38(7):597-612.

[187] Tian L, Feng X H. Numerical simulation for progressive collapse of underground structure under its internal blast load [J]. Advanced Materials Research, 2011,250: 2824-2828.

[188] Tanaka S, Kennedy G, Hokamoto K, et al. Experimental and numerical study on liner shaped charge[J]. Materials Science Forum, 2011, 673: 209-213.

［189］De-Yun Y U, Jun Y, Ming-Sheng Z. Study on the absorption mechanism of damping bitch to the vibration wave in bench blasting［J］. Journal of China Coal Society, 2011,36(2):244-247.

［190］Li-Sha L I, Qing-Liang X, Quan-Ping Z, et al. Numerical simulation of contact explosion based on lagrange ALE and SPH［J］. Blasting, 2011.

［191］Liu L, Katsabanis P D. Development of a continuum damage model for blasting analysis［J］. International Journal of Rock Mechanics and Mining Sciences, 1997,34(2): 217-231.

［192］Hao H, Ma G, Zhou Y. Numerical simulation of underground explosions［J］. Fragblast, 1998,2(4): 383-395.

［193］Ma G W, Hao H, Zhou Y X. Modeling of wave propagation induced by underground explosion［J］. Computers and Geotechnics, 1998, 22 (3-4): 283-303.

［194］Holmquist T J, Templeton D W, Bishnoi K D. Constitutive modeling of aluminum nitride for large strain, high-strain rate, and high-pressure applications［J］. International Journal of Impact Engineering, 2001, 25 (3): 211-231.

［195］Johnson G R, Holmquist T J, Beissel S R. Response of aluminum nitride (including a phase change) to large strains, high strain rates, and high pressures［J］. Journal of Applied Physics, 2003,94: 1639.

［196］Zhang Y Q, Lu Y, Hao H. Analysis of fragment size and ejection velocity at high strain rate［J］. International Journal of Mechanical Sciences, 2004,46(1): 27-34.

［197］Lu Y, Xu K. Modelling of dynamic behaviour of concrete materials under blast loading［J］. International Journal of Solids and Structures, 2004,41 (1): 131-143.

［198］Munjiza A, Owen D, Bicanic N. A combined finite-discrete element method in transient dynamics of fracturing solids［J］. Engineering Computations, 1993,12(2): 145-174.

［199］Potyondy D O, Cundall P A. A bonded-particle model for rock［J］. International Journal of Rock Mechanics and Mining Sciences, 2004, 41 (8): 1329-1364.

［200］Yang R, Bawden W F, Katsabanis P D. A new constitutive model for blast damage［J］. International Journal of Rock Mechanics & Mining Sciences &

Geomechanics Abstracts,1996,33(3):245-254.

[201] Grady D E,Kipp M E. Continuum modelling of explosive fracture in oil shale[J]. International Journal of Rock Mechanics & Mining Sciences & Geomechanics Abstracts,1980,17(3):147-157.

[202] Grady D E,Kipp M E. Dynamic rock fragmentation[J]. Fracture Mechanics of Rock,1987:475.

[203] Donzé F,Magnier S A. Formulation of a 3-D numerical model of brittle behaviour[J]. Geophysical Journal International,1995,122(3): 790-802.

[204] Song J,Kim K. Micromechanical modeling of the dynamic fracture process during rock blasting[C]. International Journal of Rock Mechanics & Mining Sciences & Geomechanics Abstracts,1996,33(4):387-394.

[205] Donzé F,Magnier S A,Bouchez J. Numerical modeling of a highly explosive source in an elastic-brittle rock mass[J]. Journal of Geophysical Research,1996,101(B2): 3103-3112.

[206] 姜鹏飞,唐德高,龙源. 不耦合装药爆破对硬岩应力场影响的数值分析[J]. 岩土力学,2009,30(1): 275-279.

[207] 高尔新,杨仁树. 爆破工程[M].北京:中国矿业大学出版社,1999.

[208] 迟明杰. 岩溶区隧道开挖爆破及其危害控制[D]. 河南:焦作工学院,2003.

[209] 抚顺矿务局,等. 煤矿抽放瓦斯手册[M].北京:煤炭工业出版社,1980.